Metall
bearbeiten

Otto Maier

Metall
bearbeiten

Inhalt

Materialkunde

Die Handelsformen unserer Materialien, vorwiegend Halbfabrikate, sind wohl allgemein bekannt. Spezialkenntnisse
werden durch Prospekte und Listen vermittelt. Der Bezug
solcher Materialien in kleinen Mengen erfordert oft
unkonventionelle Maßnahmen.

Eisen ist eines der wichtigsten Metalle, die auf der Erde vorkommen. Weder chemisch reines Eisen (Zeichen: Fe) noch Eisen in der Form, wie es durch Erschmelzen aus Erzen entsteht, ist für technische Zwecke brauchbar. Erst Wärme- und mechanische Behandlung sowie Legierung (Zumischung anderer Metalle) machen das Eisen zu einem verwendbaren Material, dem Stahl. Deshalb bezeichnen wir heute meistens alle Stäbe, Bleche und sonstige Halbfabrikate ❶ als Stahlprofile, Stahlbleche usw.
Stahl wird »warm«, das heißt in glühendem Zustand, in handelsgerechte Formen gebracht. Die wichtigsten Techniken sind Walzen und Schmieden, wobei Schmiedeteile dem Heimwerker wohl selten begegnen werden. Das Gießen wird für komplizierte Teile bevorzugt, für die die geringe Festigkeit des Gußeisens (hier heißt es »Eisen«) ausreicht. Meist wird jedoch auch dieses Gußeisen – wieder durch Wärmeanwendung – entkohlt (getempert), wodurch es zum schmiedbaren Temperguß oder nach Anwendung anderer Verfahren, zum Stahlguß wird.
Neben Stahlerzeugnissen kommen Halbfabrikate aus Aluminium, Messing und Kupfer in den Handel. Außer in Form von gezogenenen Aluminiumprofilen (für Fenster, Türen) und Kupferblechen für Regenrinnen und -rohre werden diese Metalle wegen ihres hohen Preises, aber auch wegen ihrer geringen Festigkeit im Vergleich

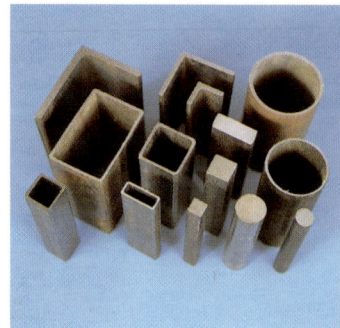

Abb. 1

zu Stahl, selten angewandt. Der Heimwerker wird diese Metalle in kleinen Mengen im Modellbau und für kunstgewerbliche Arbeiten verwenden. Ein umfangreiches Programm von Halbfabrikaten besteht aus Kupferrohren und dazu passenden Fittings (Verbindungs- und Übergangsstücke), die leicht zu verarbeiten sind und es dem Heimwerker ermöglichen, hochwertige und dauerhafte Wasserleitungssysteme herzustellen oder vorhandene zu ergänzen.
Stahlprofile aller Art werden nach Gewicht, Rohre – eckige und runde – als Meterware verkauft. Hilfreich beim Kauf sind Prospekte über die gebräuchlichen Flach-, Rund- und Profilstähle ❷. Größere Händler geben solche Drucksachen an ihre Kunden ab. Neben Querschnittzeichnungen der Profile enthält die zugehörige Tabelle jeweils die wichtigen Maße. Winkel zum Beispiel gibt es bei gleicher Außenabmessung (zum Beispiel 40 mm x 40 mm) in zwei oder drei, größere in noch mehr Wandstärken. Sonderformen, zum Beispiel scharfkantige Winkel, ❸ rechts, sind zum Vergleich

aufgeführt und die Gewichte per Meter angegeben.
Die Materialien für das Metall-Hobby sind sperrig. Stäbe werden überwiegend in 6 m Länge angeboten, und »kleine« Blechtafeln messen 2 m². Natürlich sind die Händler auf Zulieferung eingerichtet, doch sind nicht alle bereit, wegen geringer Mengen eine Privatadresse anzufahren.
Nach Möglichkeit sollte deshalb der Heimwerker im voraus bestimmen, welche »kurzen« Längen er braucht. Dann kann er Stäbe günstig zerteilen lassen und selbst transportieren. In vielen Betrieben steht für Trennarbeiten nur ein Schneidbrenner zur Verfügung; die Materialenden sind dann nicht zu gebrauchen, und die Zuschnitte müssen entsprechend großzügig bemessen werden, damit die gebrannten Enden wegfallen können.
Sind im Eisenlager Sägen vorhanden, scheint das Problem gelöst. Die Inanspruchnahme dieser Einrichtung ist aber nicht zu empfehlen. Sägenschnitte werden recht teuer berechnet und selten genau ausgeführt. Die Geschäftsbedingungen im »Kleingedruckten« sehen Toleranzen von ± 3 mm vor. Während der Einkauf von Walzprofilen beim Handwerker nicht empfehlenswert ist, hat der Bezug von Blechzuschnitten oder Abschnitten aus kleineren Betrieben seine Vorteile. Um eine große Blechtafel rationell und technisch perfekt zu zerteilen, ist die dort vorhandene Schlagschere sehr gut geeignet. Für kleinere Teile sind Abschnitte,

wie sie sich in den Betrieben ansammeln, handlich und oft sehr preiswert. Abfälle muß man dann in Kauf nehmen, doch in der Hobbywerkstatt findet vieles noch eine Verwendung.
Eine oft empfohlene Materialbezugsquelle für Heimwerker ist der Schrottplatz. Davon darf man sich allerdings nicht zu viel versprechen. Nur in Ausnahmefällen findet man annähernd das, was man sich vorgestellt hat. Die Stäbe sind meist rostig, verbogen, angestrichen, was die Einsparung wieder aufwiegt, zumal die Preisgestaltung der Althändler nicht wertgerecht ist. Allenfalls ein Stück Eisenbahnschiene als Behelfsamboß ist anderweitig nicht viel günstiger zu beziehen.
Massive Profile – oft braucht der Heimwerker nur einen halben Meter oder noch weniger – sind nicht überall zu bekommen, es sei denn, man nimmt die ganzen 6 m oder – wenn es sich um gezogenes Material handelt – den 3-m-Stab. Da lohnt es sich, im Büro des Eisenlagers nach Kunden zu fragen, die die gewünschte Abmessung laufend beziehen. Handelt es sich um einen kleineren Betrieb, kann man versuchen, über dessen Einkaufsabteilung eventuell einen Zuschnitt zu beziehen.
Die Anzahl der angebotenen Materialsorten mit verschiedenen Festigkeits- und Verarbeitungseigenschaften übersteigt das Maß, das der Heimwerker überschauen kann. Wir werden jedoch ohnehin nur einfache Dinge, die meist der Bauschlosserei zu-

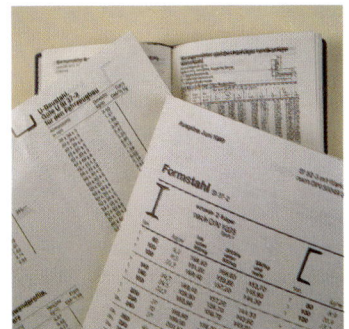

Abb. 2

zuordnen sind, herstellen. Dafür ist die Materialqualität »St 37« geeignet, eine alte Bezeichnung, die sich auf das Gewicht in Kilogramm bezieht. Dieser Begriff ist durch »Newton« ersetzt worden. Eine noch genauere Definition erlaubt die jedem Profil zugeordnete DIN-Nummer, die aber für den Heimwerker weniger wichtig ist. Da die alten Bezeichnungen in der Praxis noch gebraucht werden, genügt die Angabe, die auch der Handwerker beim Bestellen macht, zum Beispiel: »Winkelstahl schwarz, 50/40/4«. Das ist dann das Material ❸ links. Warmgewalzte Stäbe werden für besondere Zwecke kalt »nachgezogen«, wodurch sie besonders maßhaltig werden

Abb. 3

und eine blanke Oberfläche bekommen. Man spricht dann von »blankgezogenem« Material. Hier gibt es besonders bei Rund- und Sechskantstählen die unterschiedlichsten Qualitäten, die zur Verarbeitung durch Drehen (»Automatenstahl«) oder zur Verwendung als Wellen vorgesehen sind. Auch hier ist für unsere Zwecke die Qualität »St 37« ausreichend. Gezogenes Material läßt sich mit unseren Mitteln schlechter biegen als schwarzes; es sollte deshalb nicht gerade für Ornamente vorgesehen werden.
Runde Rohre für unsere Zwecke sind »geschweißt«; nahtlos gezogene Rohre, ob schwarz oder blank, sind zu teuer.
Quadrat- oder Rechteckrohre kleiner Abmessungen sind stets kalt nachgezogen und deshalb sehr genau. Schwere Vierkantrohre – von großer Abmessung oder dicker Wandstärke – sind warmgewalzt und entsprechen in Oberfläche und Maßhaltigkeit schwarzem Material. Leichtmetall (meist Aluminium oder seine Legierungen) und Messing sind als Profil in kleinen Mengen schwer zu beziehen. Am besten ist es, sich an einen Betrieb zu wenden, der Metallfenster und Schaufensteranlagen baut. Profile aus diesen Halbedelmetallen sind stets sehr genau und sauber gezogen.

Bearbeitung von Flächen, Zuschneidearbeiten

Oberflächenverbesserung, Entrosten, Entgraten und hauptsächlich das Abschleifen von Schweißraupen sind wichtige Vorbereitungs- beziehungsweise Nebenarbeiten in der Metallverarbeitung. Trennen, ein Spezialgebiet des Schleifens, erlaubt das Ablängen von Profilen und Zerteilen von Blechen auch unter ungünstigen Bedingungen, wie sie bei Montagen und Arbeiten an Großkonstruktionen auftreten. Beim Sägen hingegen geht es nicht mehr um das bloße Zerteilen, sondern um genaue Längen und Winkel.

Schleifen

Die für Metallarbeiten verwendeten Stäbe und Bleche haben recht unterschiedliche Oberflächenstrukturen. Warmgewalzte Materialien sind rauh verzundert, kaltgeformte Profile oft gleichmäßig dünn überrostet. Bei blanken Blechen und einfachen Stäben haben sich beim Nachziehen Poren geöffnet, die ungleichmäßig streifenweise verteilt sind. Je nachdem, was als Rostschutz und Verschönerung in Frage kommt – ein Anstrich oder eine galvanische Veredelung (Verzinken, Verkupfern), eine sehr dicke Feuerverzinkung oder gar eine Verchromung oder Vernickelung – die Stahloberfläche muß dafür vorbereitet werden. Zuerst muß jedoch dort eine glatte Fläche geschaffen werden, wo sie durch Schweißnähte und konstruktionsbedingte Überstände unterbrochen ist. Das geschieht durch Schleifen. Schweißnähte an kleinen Teilen können mit der Schruppscheibe des Doppelschleifbocks bearbeitet werden ❶. Mit Kunstharz gebundene Schleifscheiben ermöglichten die Konstruktion des Winkelschleifers, der außerordentlich vielseitig einsetzbar und deshalb die wichtigste Schleifmaschine der Schlosserei ist. Die verwendeten Schruppscheiben widerstehen sowohl den mechanischen Belastungen durch seitlich auftretende Kräfte (Schleifdruck) ❷ als auch der radial auftretenden Zentrifugalkraft. Das ermöglicht hohe Drehzahlen, damit

Abb. 1

hohe Umfangsgeschwindigkeiten und Zerspannungsleistungen.
Die Winkelschleifer werden hauptsächlich in zwei Größen für drei Schleifscheibendurchmesser angeboten. Da ist einmal der sehr handliche und leistungsfähige Einhandschleifer mit dem Scheibendurchmesser 125 mm. Davon unterscheiden sich die großen Winkelschleifer unwesentlich in Gewicht und Motorleistung, jedoch wesentlich in Drehzahl und Größe der Schutzhaube (Scheibengrößen: 178 mm und 230 mm Durchmesser). Sowohl Schruppscheiben als auch Trennscheiben, die für solche Schleifer vorgesehen sind, dürfen mit einer Umfangsgeschwindigkeit von

höchstens 80 Metern pro Sekunde betrieben werden. Ist die Umfangsgeschwindigkeit zu hoch, kann die Schleifscheibe durch die Wirkung der Zentrifugalkraft auseinanderfliegen. Die großen Winkelschleifer sind mit Schleifscheiben von 178 mm oder 230 mm

Abb. 2

Abb. 3

Abb. 4

Abb. 5

Abb. 6

Durchmesser bestückt. Dazu gehören Maschinen mit unterschiedlicher Drehzahl: 8 000 beziehungsweise 6 500 n (Umdrehungen pro Minute). Würde man die 230 mm-Scheibe auf der Maschine mit 8 000 n betreiben, ergäbe sich eine Umfangsgeschwindigkeit von 98 m/s! Manipulationen sind also nicht ratsam.

Zum Schruppen, also vorwiegend Abschleifen von Schweißnähten und Überständen, sind die Einhandschleifer von der Leistung her voll ausreichend. Dabei sind sie besonders handlich und leicht ❸.

Eine der großen Maschinen ❹ sollte man für gelegentlich anfallende Trennarbeiten anschaffen. Für einen solchen

Einsatz ist die Maschine mit der 230-mm-Scheibe und 6 500 n rentabler.

Die Einhand-Winkelschleifer werden teilweise mit elektronisch regelbarer Drehzahl angeboten. Das macht diese Maschinen vielseitiger. Obwohl Gummi- oder Nylonschleifteller zusammen mit Fiberschleifscheiben mit der Maschinenhöchstdrehzahl betrieben werden dürfen, gibt es Fälle, in denen man die Geschwindigkeit und damit die Leistung gerne herabsetzt. Bei Abrundungen an Stäben und Blechen etwa möchte man nach Anriß einen schön auslaufenden Bogen anschleifen ❺. Das gelingt besser mit reduzierter Leistung. Bei der Oberflächenverbesserung als

Vorbereitung zum galvanischen Verzinken besteht die Gefahr, daß Gräben eingeschliffen werden. Auch hier ist es sehr ratsam, mit geringerer Drehzahl zu arbeiten und den etwas höheren Zeitaufwand zugunsten einer besseren Fläche in Kauf zu nehmen.

Für Entrostungsarbeiten gibt es Stahldrahttopfbürsten. Damit erreicht man bessere Ergebnisse als mit Schleifscheiben, vor allem, wenn der Rost schon Krater eingefressen hat. Außerdem wird bei Verwendung dieser Bürsten kaum Stahl abgetragen. Man sollte glauben, daß an seit Jahrzehnten gebräuchlichen Drahtbürsten nichts mehr zu verbessern wäre, und doch ist seit einiger Zeit eine Neuheit auf dem Markt, die beim Entrosten verblüffende Ergebnisse erbringt ❻. Der zweigeteilte Spritzgußkörper wird mit seinem Schaft in die Bohrmaschine gespannt. Zwei Kegel treiben eine Gummiwalze so auf, daß der auswechselbare, mit Drähten bestückte Bürstenring festgehalten wird. Die dünnen Drähte hoher Härte (man könnte sie fast Nadeln nennen) greifen den Rost aggressiv an und folgen Konturen viel schmiegsamer als eine harte Bürste.

Abb. 7

Neben der mechanischen Entrostung, auf die vor allem bei Arbeiten am Auto kaum verzichtet werden kann, ist die chemische Rostumwandlung gebräuchlich. Die Autoindustrie wendet dieses Verfahren chemisch in Bädern an. Im Werkstattbetrieb wird Rostumwandler mit dem Pinsel aufgetragen. Unter der Einwirkung des Mittels wird die Rostschicht zu einer Phosphatverbindung, die vor neuem Rost schützt und sich gut als Untergrund für Spachtelmassen und Lacke eignet.

Für anspruchsvolle Arbeiten sollte man kein stark rostiges Material verwenden, denn alle Mühe kann den schlechten Oberflächenzustand nicht so verbessern, daß die Fläche ansehnlich würde, es sei denn durch Spachteln, was aber eine nachfolgende Lackierung zwingend macht. Obwohl sich die Anwendungsbereiche überschneiden (wenn man zum Beispiel, wie erwähnt, mit der Fiberscheibe eine Rundung anschleift), gilt grundsätzlich: Material abtragen – hartes Schleifmittel, Oberfläche verbessern – weiches Schleifmittel bzw. weiche Schleifmittelstütze, wie der Träger der Papier- und Fiberscheiben genannt wird. Feine Oberflächen erzeugt man mit Schwabbeln und Schleifpaste oder »Lammfell«-hauben und Polierpaste.

Dieses Schleifen an der Grenze zum Polieren hat große Bedeutung bei der Autoreparatur sowie beim Aufbessern stumpf gewordener Autolackierungen und bedarf spezieller Kenntnisse und Fertigkeiten.

Ähnlich feine Oberflächen müssen geschaffen werden, wenn Werkstücke hochglänzend verchromt oder vernickelt werden sollen. Solch diffizile Arbeiten sollte man einem Spezialbetrieb überlassen, wenn die Galvanisierwerkstatt nicht auch eine Schleiferei betreibt und die Oberflächenvorbereitung mit übernehmen kann.

Während Untergründe für Anstriche und eine von Natur aus rauhe Feuerverzinkung (»Eisblumen«) keiner

Abb. 8

Abb. 9

Abb. 10

Abb. 11

besonders aufwendigen Vorbereitung bedürfen, muß mehr getan werden, wenn nur eine dünne Spritzlackierung oder eine hauchdünne galvanische Verzinkung aufgebracht werden soll. Wenn die Form des Werkstücks es erlaubt, kann hier der Bandschleifer ❼ eingesetzt werden. Besonders unter galvanischen Verzinkungen sehen die gleichmäßigen Längsriefen, die dieser hinterläßt, besser aus als die Kreisel der Exzenterschleifmaschine ❽. Diese ist jedoch bei nach innen gewölbten Flächen gut einzusetzen.

Sehr gut eignet sich der Bandschleifer – am besten in der Ausführung mit Drehzahlregelung – zum Entgraten kleiner Teile und gesägter

Abb. 12

Enden ❾. Sägen, Blech-
schneiden und vor allem
Trennen hinterläßt Grate. Die
müssen entfernt werden, ohne daß die scharfe Kante zur
Abrundung wird. Kriterium
ist: Man muß mit dem Dau-
men über die Kante fahren
können, ohne sich zu schneiden. An sich ist Entgraten
Handarbeit, diese gehört
aber schon fast der Vergan-
genheit an ❿.
Dicke Bleche, mit der
Schlagschere geschnitten,
haben ebenso wie dicke
Stanzteile, eine zerrissene,
leicht schräge Kante. Oben,
wo das Messer das Material
zusammendrückt, entsteht
eine leichte Rundung, dann
folgt die zerrissene Zone und
unten der vorstehende Grat.
Bleibt die Kante sichtbar,
sollte sie gründlich nachge-
arbeitet werden. Dafür und
zum Entgraten empfiehlt es
sich, für den Hand-Band-
schleifer ein einfaches Gestell zu bauen, in das dieser
eingespannt oder woran er
festgeschraubt wird ⓫.
Vervollständigt werden kann
diese Einrichtung durch einen
höhenverstellbaren Auflage-
tisch im rechten Winkel zum
Schleifband ⓬. Verstellbar
sollte der Tisch sein, damit
man nach und nach die ganze Breite des Bandes ausnüt-
zen kann.

Trennen

Für das Zuschneiden der verschiedenen Walzprofile ist
eine Maschine erforderlich,
nicht nur, weil Sägen von
Hand eine überaus mühevol-
le Arbeit ist, sondern auch,
weil wir sichergehen müs-
sen, daß unsere Schnittflä-
chen im gewünschten Win-
kel stehen und die Länge der
zugeschnittenen Stücke
stimmt.
Das billigste Mittel, Profile
abzulängen, ist der Winkelschleifer – eine kleine
Einhand- oder eine große
Zweihandmaschine, ausge-
stattet mit einer Trennscheibe. Die ist etwa 3 mm dünn
und normalerweise mit Git-
tergewebe armiert. Die
Trennscheibe ist eine spezielle Schleifscheibe, die jedoch
wie alle anderen Schleif-
scheiben funktioniert:
Schleifkörner sind mit einem
Bindemittel zum Schleifkör-
per zusammengepreßt. Beim
Schleifen werden die äußers-
ten Schleifkörner stumpf,
brechen aus und machen
scharfen Körnern Platz.

Achtung!

**Wegen der mit hoher
Geschwindigkeit weg-
fliegenden Schleifkörner
muß bei allen Schleif-
arbeiten eine Schutzbril-
le getragen werden!**

Bei diesem Prozeß stört natürlich das Bindemittel. Bei
Schleifsteinen (im Doppel-
schleifbock) ist dieses meist
Keramik, also verhältnismä-

ßig spröde. Bei der Trennscheibe muß das Bindemittel
aber elastisch sein, damit sie
die Zentrifugalkraft und die
Arbeitsbelastung aushält. Für
diese Bedingungen geeignete (Kunst-)Stoffe neigen aber
zum Schmieren, zumal die
Schleifstelle heiß, der Stahl
an der Schnittstelle sogar
glühend heiß wird. Das Abtragen des heißen Bindemit-
tels geht nicht ohne Ge-
ruchsentwicklung vor sich.
Die Scheiben wurden im
Laufe der Zeit verbessert und
sind erstaunlich elastisch.
Vorsicht ist trotzdem geboten. Beim Einkauf sollte man
darauf achten, daß sie den
Aufdruck tragen: »Für freihändiges Trennen zugelas-
sen.« Neu eingespannte
Scheiben müssen durch zwei
Minuten Leerlauf geprüft
werden, wobei man nicht in
der Flugrichtung stehen darf.
Freihändiges Trennen ist hin-
sichtlich Winkel und Länge
nicht genau genug. Sowohl
für Einhand- als auch für
große Winkelschleifer gibt es
deshalb Trennständer, in deren Wippe die Maschine befestigt wird ❶. Eine Material-
spannvorrichtung nimmt das
Werkstück auf ❷.
Die Maschine wird bei dieser
Arbeit natürlich schwer belastet. Man muß hören, wie
die Drehzahl der Maschine
nachläßt, und Gefühl dafür
aufbringen, den Motor nicht
zu überlasten.
Besonders der Einhandwin-
kelschleifer wird hier stark
beansprucht. Allenfalls im
Modellbau oder für Hobbytä-
tigkeiten, bei denen nur 10
oder 12 mm Rundstäbe, hie
und da mal ein 20-mm-Win-
kel zu trennen oder Röhr-

Abb. 1

Abb. 2

chen abzulängen sind, mag dieser Behelf genügen. Im Übrigen ist der Aktionsbereich der 115- oder 125-mm-Scheibe doch sehr begrenzt. Die Winkelschleifmaschine in den Trennständer zu spannen und wieder herauszunehmen ist recht zeitaufwendig. Zum richtigen Schruppen (Schweißnähte abschleifen) etwa muß die Maschine ja nicht nur aus dem Ständer genommen werden, man muß auch die Scheibe wechseln. Das Schruppen mit der Trennscheibe ist nämlich unzulässig, und das leuchtet ein, wenn man an die Axialbelastung denkt, die die dünne Trennscheibe nicht aushält, und sich anstelle der stabilen Schruppscheibe ❸ eine Trennscheibe vorstellt.

Es ist zu überlegen, ob man sich nicht anstelle eines zweiten Winkelschleifers eine spezielle Trennmaschine anschaffen sollte ❹. Diese Maschine arbeitet mit größeren Scheiben (355 mm Durchmesser) als der Winkelschleifer, wodurch sich der Einsatzbereich in diesem Fall auf 100 mm x 50 mm erhöht. Außerdem hat sie zur Werkstückspannung einen Spindelschraubstock, während die Trennständer mit Exzenterspannern auskommen müssen.
Man kann natürlich die Spannvorrichtung des Trennständers entfernen und einen kleinen Maschinenschraubstock aufbauen ❺ und, im Winkel zur Trennscheibe ausgerichtet, mit zwei Kerb-

oder Spannstiften verbohren. Wenn man ihn jetzt einmal wegnehmen und anderweitig einsetzen oder schräg stellen will, ist durch die Stifte garantiert, daß er schnellstens wieder in der Winkellage montiert werden kann. Leider wird durch das Aufbauen des Schraubstocks der Schnittbereich verkleinert. Das freihändige Trennen ist manchmal nicht zu umgehen, wenn spezielle Hilfsmittel fehlen. Da ist in erster Linie an das Auftrennen größerer Blechtafeln zu denken. Besonders, wenn ihre Dicke 2 mm überschreitet, gibt es kaum eine andere Möglichkeit. Elektrische Knabber und Scheren für eine Blechdicke über 2 mm sind nämlich sehr teuer.

Abb. 3

Abb. 4

Abb. 6

Abb. 7

Abb. 5

Man legt eine zu trennende Blechtafel auf Lagerhölzer **❻**, um nicht in den Boden zu schleifen. Außerdem kann man dann, um nicht gänzlich freihändig arbeiten zu müssen, an den Enden Zwingen ansetzen, zwischen denen man ein Lineal befestigt. Als Lineal ist ein schwarzes

Flacheisen nicht gerade genug, ein gezogenes Material wird durch die seitliche Reibung der Scheibe beschädigt. Besser eignen sich eine gerade gehobelte breite Holzlatte oder ein sauber gesägter Spanplattenstreifen. Beide nützen sich erstaunlich wenig ab, sind aber natürlich nicht unbegrenzt verwendbar. Man kann sie jedoch vom Tischler wieder richten lassen.

Wenn man sich zum Trennen hinter bzw. auf das Lineal auf der Blechtafel stellt **❼**, kann diese nicht wegrutschen. Man schleift zuerst über die ganze Schnittlänge eine Rille. Sie dient als zusätzliche Führung, wenn man jetzt das Blech abschnittweise durchtrennt,

immer so weit, wie man in einem Zug mit den Armen reicht.

Ganz wichtig ist die Richtung, nach der man trennt. Die Maschine muß stets im Gegenlauf arbeiten (vgl. **❼**: A = Drehrichtung, B = Vorschubrichtung). Sie hat das Bestreben, in die andere Richtung zu »fahren«, wie ein motorbetriebenes Fahrzeug, nur nicht so sanft, sondern mit unberechenbaren Rucken. Wenn man nicht aufpaßt, kann einem die Maschine aus der Hand gerissen werden! Besonders wenn das Blech stellenweise schon durchtrennt ist, hakt die Scheibe sich fest und befreit sich schlagartig wieder. Deshalb sollte man bei solchen Arbeiten die Maschine

Abb. 8

Abb. 9

Abb. 10

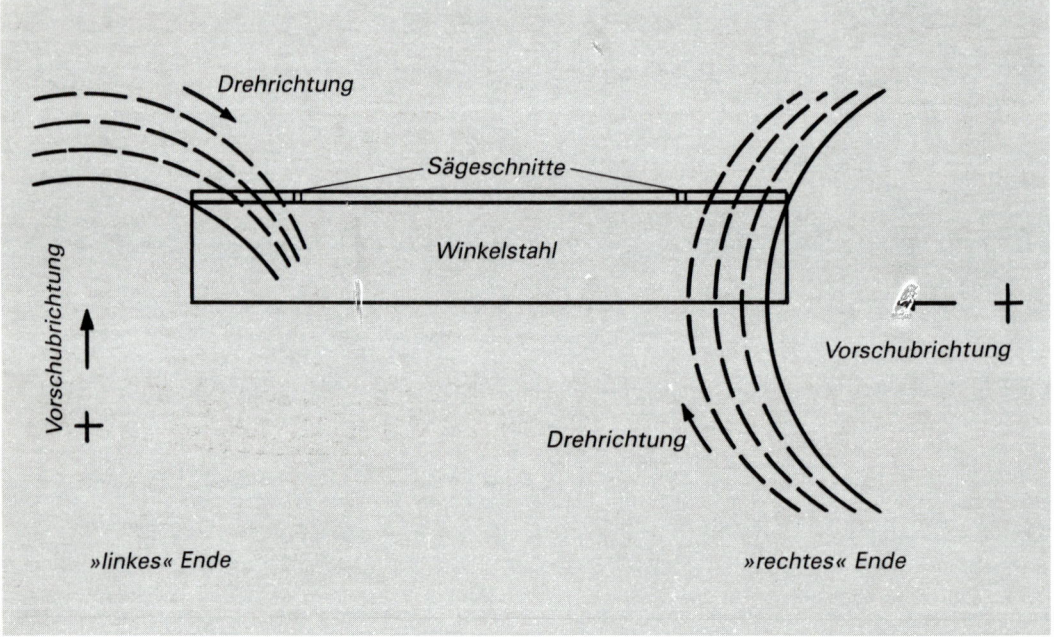

Drehrichtung

Sägeschnitte

Winkelstahl

Vorschubrichtung

Vorschubrichtung

Drehrichtung

»linkes« Ende

»rechtes« Ende

Abb. 11

sofort abschalten können, wenn es kritisch wird.

Halb freihändiges Trennen ist öfter beim Ausschneiden von Ausklinkungen erforderlich. Sollen zum Beispiel Winkeleisen zu einem Rahmen zusammengeschweißt werden, ist die Gehrung ❽ nicht die beste Lösung. Die scharfen Spitzen sind nicht schweißgerecht, sie brennen ab wie dünnes Blech. Außerdem ist es schwierig, auf Gehrung genaue Längen zuzuschneiden. Es hat sich allgemein bewährt, eine Verbindung nach ❾ herzustellen. Das auszuklinkende Quadrat wird in der Industrie mit der Universalstanze in Sekunden ausgeschnitten, uns bleibt nur das Trennen ❿. Günstig ist, daß dabei die Trennscheibe auf dem waagerechten Schenkel des Winkels rotieren kann, so daß eine gewisse Führung gegeben ist. Sehr wichtig ist auch, stets im Gegenlauf zu arbeiten. Um jeweils den Gegenlaufeffekt zu erzielen, muß man die Maschine am »linken« Ende von sich weg, am »rechten« Ende nach links drücken ⓫.

Sägen

Als Nachteile der Trennverfahren werden starke Gratbildung, Erwärmung, Lärm, Werkzeugkosten und in vielen Fällen unzureichende Schnittqualität angesehen. Besonders dickwandige Materialien wurden immer gesägt, weil bei ihnen die Nachteile des Trennens besonders groß sind.

Zunächst wurde das Sägen von Hand mit hin- und hergeführtem Bogen auf eine Maschine übertragen. Vorteile dieser Technik sind die geringen Werkzeugkosten und der große Schnittbereich auch bei kleinen Maschinen. Kompakt, leistungsfähig und genau, hat sich die Kreissäge überall durchgesetzt. Als

Tischmaschine ist sie vorteilhaft, weil beweglich ❶.

Die Höhe der Werkzeugkosten kann durch Sorgfalt günstig beeinflußt werden. Die HSS (Hochleistungs-Schnell-Stahl-)-Kreissägeblätter sind allerdings teuer und verursachen laufende Kosten für das Nachschärfen. Für Allroundbetrieb genügt ein feingezahntes Sägeblatt zur universellen Verwendung. Für Materialien ab 10 mm Dicke oder Wandstärke wäre ein grobgezahntes Blatt vorteilhafter. Die Ausgabe lohnt jedoch kaum, wenn solche Schnitte nur gelegentlich zu machen sind. Bei tiefen Schnitten ins Volle mit dem feingezahnten Sägeblatt ist die Ableitung der Sägespäne nicht immer ge-

Abb. 1

währleistet. Es kann passieren, daß das Sägeblatt festhakt. Dann muß man sofort den Motor ausschalten, wenn das nicht eine eingebaute Automatik übernimmt. Das Lösen des Blatts geschieht durch vorsichtiges Rucken am Handhebel der Sägewippe. Es besteht die Gefahr, daß ein Stück aus dem Sägeblatt ausbricht, wenn sich das Werkstück im Schraubstock bewegt. Es muß deshalb auf das Einspannen des Werkstücks größte Sorgfalt verwendet werden. Spannen Sie nur Stücke mit parallelen Seiten ein, und belasten Sie den Schraubstock nicht einseitig. Das gilt vor allem für kurze Stücke, die den Schraubstock nicht in ganzer Länge ausfüllen. Problemlos sind runde Rohre zu spannen ❷. Kritischer sind Winkeleisen. Das Spannen nach ❸ ist sicherer als das nach ❹. Hier könnte der senkrechte Schenkel ins Vibrieren kommen und darauf die Säge den Winkel zu sich reißen. In jedem Fall hilft ein beigelegtes Vierkantholz, sicher zu spannen ❺. Eine Maschine, deren Aggregat mittels Wippe um einen Drehpunkt bewegt wird (es gibt auch Maschinen, bei denen das auf einer Führung geradlinig geschieht), setzt je nach Werkstückhöhe unter mehr oder weniger günstigem Winkel zum Sägen an. Während des Sägens ändert sich dieser Winkel laufend. Man denke an ein dünnwandiges Rohr. Da beginnt der Schnitt im Vollen, dann werden zwei dünne Materialstärken im ungünstigsten Winkel

Abb. 2

Abb. 3

angegangen. Auch dünne, breite Flacheisen sind hochkant ungünstig eingespannt. Dabei wäre es aber nicht besser, solche Flacheisen liegend zu spannen ❻, weil dann die Preßflächen im Schraubstock nur gering tragen. Zusammen mit der Forderung, das Sägeblatt sehr sachte aufzusetzen, ergibt das Probleme, die allerdings leicht zu lösen sind. Eine dünne Holzleiste, mitgespannt und gesägt, wirkt Wunder ❼ ❽. Ein Leistungsabfall durch das Mitsägen des Holzes entsteht kaum, trotzdem wird der Sägevorschub weicher, die Gefahr des Hakens ist viel geringer. Man schiebt die Holzleiste für jeden neuen Schnitt nur 1 cm vor, so daß ein Meter Leiste für gut 80 Schnitte reicht. Heute ist jede Metallsägemaschine mit einer Kühlmitteleinrichtung versehen. Aus einem Behälter wird die Kühlflüssigkeit durch einen Schlauch meist durch die Schutzhaube auf das Sägeblatt gepumpt. Das Kühlmittel – zugleich Schmiermittel – ist eine Ölemulsion. Im Handel sind Konzentrate, die nach unterschiedlichen Vor-

Abb. 4

Abb. 5

schriften, aber immer großzügig mit Wasser verdünnt werden. Das Kühlmittel – wie schon erwähnt – schmiert auch. Ohne das Mittel sägen ist teuer, denn mit dem Mittel behält das Sägeblatt viel länger seine Schärfe. Um das Blatt zu schonen, sollte auch nichts Hartes ge-

Abb. 6

Abb. 7

Abb. 8

sägt werden. Silberstahl, alle Sorten Werkzeug- und legierte Stähle nützen (auch in ungehärtetem Zustand) die Schärfe ungemein ab. Gehärtetes Material ruiniert die Sägezähne augenblicklich. Gefährlich ist ganz gewöhnliches Walzprofil nahe an warm abgetrennten Enden

Abb. 9

(die man an starken Graten erkennt). Auch Schneidbrennereinfluß kann härten ❾. Durch Schweißnähte sollte man nicht sägen. Sie sind zwar im Idealzustand weich, doch harte Stellen sind nie auszuschließen. Alle diese Aufgaben löst die Trennscheibe ohne Schaden. Besondere Aufmerksamkeit verlangt das Sägen von – vor allem dickwandigen – Leichtmetallprofilen. Spezielle Leichtmetallsägen haben eine 30fach höhere Schnittgeschwindigkeit als eine Maschine, die hauptsächlich für Stahlprofile gedacht ist. Die Leichtmetallspäne schmieren die Zahnlücken zu. Möglicherweise muß man die Zahnlücken nach jedem Schnitt mit der Messingdrahtbürste reinigen. Besser wird das Ergebnis durch Mitsägen von Holz, durch Abstellen des Originalkühlmittels und Schmieren mit einer Seifenlösung oder mit Seife. Man hält das feuchte Seifenstück kurz an die Zähne. Es ist übrigens einleuchtend, daß ein Eisenstab im Schraubstock der Kreissäge unten satt aufliegen muß, wenn der gesägte Winkel stimmen soll. Nun sind Walz-

profile meist 6 m lang, ihr Zersägen ist also auch ein Platzproblem. Dicke wie dünne Stäbe hängen außerdem auf diese Länge durch. In der Industrie werden deshalb links und rechts einer Säge je 6 m lange, oft selbstgefertigte Rollenbahnen angebracht. An der Rollenbahn rechts kann dann ein verstellbarer Anschlag Platz finden, der sich bewährt, wenn viele gleich lange Stücke gesägt werden sollen. Eine solche Einrichtung kann aus Platzgründen nicht überall eingesetzt werden. Es heißt improvisieren! Läßt man sich die Stücke im Eisenlager zuschneiden, so sollten sie um 15 cm länger als die eigentliche Nutzlänge bemessen werden – einige Zentimeter zum Anschneiden, damit die Brennaht mit eventuell harten Stellen wegfällt, und gut 10 cm zum Spannen beim Sägen des letzten Stücks. Braucht man viele sehr kurze Stücke, dann muß man auch den Schnittverlust in Rechnung stellen. Es ist nicht damit getan, den Teil des Werkstücks, der links aus der Maschine ragt – das Vorratsstück sozusagen –, zu stützen. Das abzutrennende Stück rechts wird, wenn es nur 1 m lang ist, durch sein Gewicht absacken, bevor es wirklich abgesägt ist. Dabei kann das Kreissägeblatt beschädigt werden, und der Schnitt ist, wenn er nach dem Abknicken zu Ende gebracht wird, unbrauchbar. Ebensowenig darf man das Stück wieder hochbiegen: das Sägeblatt würde eingeklemmt und wahrscheinlich beschädigt.

Am einfachsten ist dem abzuhelfen, wenn die Maschine in der Mitte einer Werkbank oder eines stabilen Werktisches steht. Da kann man links und rechts Auflagen anbauen, die einfach mit Schraubzwingen am Tisch befestigt werden. Ein sehr geeignetes Material dafür sind Rechteckrohre ❿. Solche Hilfsauflagen müssen natürlich jedesmal, wenn man sie aufbaut, neu ausgerichtet werden.

Dabei ist besonders darauf zu achten, daß die rechte Auflage, die das abzusägende Stück stützt, nicht zu hoch ist oder ansteigt. Wenn wir nämlich das Werkstück beim Einspannen im Maschinenschraubstock nach unten drücken, und es biegt sich – wegen ansteigender Auflage – leicht nach oben, hat das fatale Folgen. Spätestens wenn der Schnitt zu zwei Dritteln fortgeschritten ist, gibt das Material nach und klemmt die Säge mit Riesenhebelkraft ein. Das muß unbedingt vermieden werden. Bei manchen Kreissägen kann rechts ein viel zu kurzes Gestänge mit verstellbarem Längenanschlag angebaut sein ⓫.

Das ist gut gemeint, aber ohne Werkstückauflage ist der Anschlag zu wenig nütze. Das Sägeblatt, das nach hinten, vom Bedienungsmann weg läuft, zieht das abgetrennte Stück mit nach hinten. Da es nicht ausweichen kann, verkantet es sich zwischen Sägeblatt und Anschlag. Je kürzer der Abschnitt, desto schlimmer wirkt sich dieses Verkanten aus. Im besten Fall gibt der

Abb. 10

Anschlag nach, und wenn man das nicht bemerkt und korrigiert, wird das nächste Stück länger.

Wenn man Auflagen, wie die hier gezeigten, bauen kann, dann lohnt sich auch ein klappbarer Anschlag ⓬. Er muß sich nach dem Spannen vor Beginn des Sägens nach hinten wegklappen lassen ⓭, und man sollte nie vergessen, das auch wirklich zu tun, damit das abgetrennte Stück ausweichen kann. Sind nur ein, zwei gleiche Stücke zu sägen, wird man meist nach Anriß oder nach Anhalten eines Maßstabs die Länge einstellen. Das Sägen nach Riß – mit Anschlagwinkel und Reißnadel erzeugt – ist oft deshalb schwierig, weil die Schutzhaube das

Sägeblatt so gut abdeckt, daß man den Riß nicht anvisieren kann.

Den Maßstab am Sägeblatt anstoßen kann man nur dann, wenn eine Hilfskraft die Sägewippe, die ja durch Federn oder das Motorgewicht nach oben gezogen wird, herunterzieht. Da sollte man den Maßstab besser am Schraubstock anstoßen, der stets gut zugänglich ist. Man muß das Maß Schraubstock – Sägeblatt ermitteln ⓮, es festhalten ⓯ und dann immer mit berechnen.

Auflagen, Anschlag und Meßmethode zusammen ermöglichen genaue Schnitte. Es wirkt sich nämlich außerordentlich ungünstig aus, wenn gesägte Stücke nicht zusammenpassen und dann

Abb. 11

Abb. 14

Abb. 15

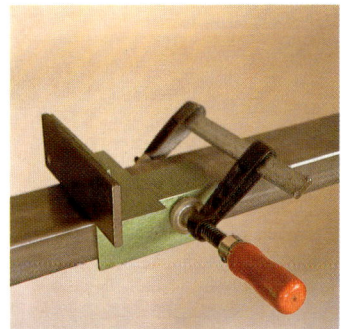

Abb. 12

Abb. 13

beim Schweißen eine Fuge zu überbrücken ist. Besonders schlimm ist das bei dünnwandigen Vierkantrohren und runden Geländerrohren. Schweißt man mit Elektroden, dann brennt man Löcher, und die Fuge wird nur noch breiter. Nur mit Kniffen und Tricks (Tropfen, Füllstäbe

beilegen) gelingt schließlich ein »Backwerk« von geringer Festigkeit. Mit dem Schutzgas-Schweißapparat ist es einfacher, solche Lücken aufzufüllen, doch auch das ist keine saubere Arbeit. Am schlimmsten wirkt sich das jedoch aus, wenn die Stücke im Winkel und dann auch noch vier davon zu einem Rahmen verschweißt werden. Das sich abkühlende Elektrodenmaterial (auch die Masse aus eingeschmolzenem Schutzgas-Schweißdraht) zieht sich zusammen. Keilförmige Spalten schrumpfen so, daß eine Rahmenecke mit unwiderstehlicher Gewalt aus dem Winkel gezogen wird. Können die Schenkel des Winkels nicht nachgeben, weil sie zu einem Rahmen verschweißt sind, dann krümmen sich stabilste Profile zum Bogen nach innen oder außen. Es gibt Betriebe, wo dieser Effekt einfach hingenommen und mit dem Vorschlaghammer ausgeglichen wird. Das läßt sich weitgehend vermeiden, wenn man bei Materialauswahl und Schweißfugenausbildung Sorgfalt walten läßt, die gar nicht viel Zeit kosten muß.

Kreissägemaschinen haben einen drehbaren Schraubstock, womit man auch Gehrungsschnitte ausführen kann. Der drehbare Schraubstock bewirkt, daß ein schräg abzusägendes Werkstück an fest montierten Auflagen vorbei ins Freie zeigt. Ist die Maschine fest in Wandnähe montiert, geht gar nichts. Es gibt tatsächlich nicht wenige Betriebe, in denen aus diesem Grund Gehrungen nicht auf einer so montierten Anlage gesägt, sondern improvisiert werden. Natürlich gibt es Maschinen, bei denen nicht der Schraubstock, sondern der Maschinenkopf gedreht wird – das Problem ist gelöst, und zwar sehr gut! Leider ist eine solche Konstruktion in der Ausführung aufwendig, und diese Maschinen sind deshalb teuer. Unter diesem Gesichtspunkt sind die provisorischen Auflagen zum Festspannen nicht das Schlechteste. Man stellt einfach die ganze Maschine schräg auf die Werkbank und klemmt die Auflagen wieder etwa parallel zur Tischkante an ⓰. Ein angebauter Längsanschlag muß mit dem verdrehten Schraub-

Abb. 16

Abb. 17

Abb. 18

stock mitschwenken ❶, sonst hat er für Schrägschnitte gar keinen Sinn. Solange ein Profilstab noch ganz, also 6 m lang ist, sind die am Tisch befestigten Auflagen zu kurz, um den Stab ausreichend zu stützen. Da wird empfohlen, sich mit höhenverstellbaren Böcken zu helfen, an deren oberes Querholz senkrecht ein nicht zu schmales Brett mit Zwingen angeklemmt wird. Über eine Reihe von guten Gründen, Gehrungen zu vermeiden, wird noch im Abschnitt »Schweißen« zu reden sein. Runde Rohre

jedoch sind nur auf Gehrung ansehnlich zu einem Rahmen zu verbinden. Nun sollte natürlich die eine Schräge nicht gegen die andere verdreht sein. Die Folge wäre ein windschiefer Rahmen und/oder klaffende Fugen als Ausgangssituation für das Schweißen.
Manchmal wird empfohlen, für das Sägen der zweiten Gehrung an die erste eine Wasserwaage anzuhalten. Einfacher ist es, sich an die außen sichtbare Längsschweißnaht des Rohrs zu halten. Man richtet die Naht vorteilhaft nach einem Pfeil

auf dem vorderen Schraubstockbacken aus, den man auf halber Höhe des Rohrdurchmessers anbringt ❶. Was an diesem Verfahren ungenau ist, läßt sich verkraften.
Zur Längenbestimmung auf Gehrung zu sägender Rohre geht man wie nach Bild ❶ vor. Allerdings ergibt sich eine individuelle Zugabe, die sich je nach Rohrdurchmesser ändert. Man muß also nach dem ersten Schnitt den Abstand Anschlag-Gehrungsspitze messen und am besten gleich schriftlich festhalten.

Bohrungen, mechanische Verbindungen

Heute lassen die im Handel erhältlichen Maschinen,
zumal Bohrmaschinen, keine Wünsche mehr offen.
Dennoch ist es weiterhin Sache des Handwerkers, die
richtigen Werkzeuge zum Bohren und Gewindeschneiden
auszusuchen und sie zweckdienlich einzusetzen. Diese
Wahl soll hier erleichtert werden. Maßtabellen und
Hinweise auf die mannigfaltigen Maßverhältnisse, unter
anderem im reichhaltigen Schraubensortiment des
Fachhandels, dienen dem Selbermacher zur Orientierung
und zum zielgerichteten Vorgehen.

Bohren

Bohren im weitesten Sinn ist wohl der häufigste Arbeitsgang, der bei der Metallbearbeitung anfällt. Wenn man vom Schweißen, Löten und Kleben absieht, sind für alle Verbindungen von Metallteilen untereinander oder mit anderen Materialien Bohrungen notwendig.

Soweit keine besonderen Ansprüche an die Genauigkeit gestellt werden, ist freihändiges Bohren mit der elektrischen Handbohrmaschine zweckdienlich. Ein hauptsächlicher Nachteil dieser Methode ist, daß die Bohrungen selten genau senkrecht zur Materialfläche stehen, was besonders bei Werkstücken hoher Wandstärke nicht tragbar ist. Ein weiterer Nachteil ist der hohe Kraftaufwand, der für den nötigen Druck (Vorschub) aufzubringen ist.

Ständer- und Tischständerbohrmaschinen, auch Säulenbohrmaschinen genannt, arbeiten ohne diese beiden Nachteile. Das Werkstück wird auf den Maschinentisch, planparallel dazu in den Maschinenschraubstock oder auf eine Holzzwischenlage gespannt. Damit steht es winklig zum Bohrer. Den Vorschub gibt man – meist über Ritzel und Zahnstange – mit einem Bohrhebel und deshalb mit geringem Kraftaufwand, was vor allem zu schätzen ist, wenn viele Bohrungen eingebracht werden müssen. Meist kann ein Tiefenanschlag mit $1/10$-mm-Genauigkeit eingestellt werden. Sperrige und schwere Teile können hier jedoch ebenso-

Abb. 1

schub zwangsläufig erfolgt, das heißt, daß Bohrerantrieb und Vorschub durch ein Getriebe miteinander verbunden werden können, so daß pro Bohrerumdrehung ein vorbestimmter Vorschub erfolgt.

Ein Mittelding zwischen frei geführter Handbohrmaschine und Säulenbohrmaschine ist der Bohrständer ❷. Er hat im günstigen Fall fast alle Vor-

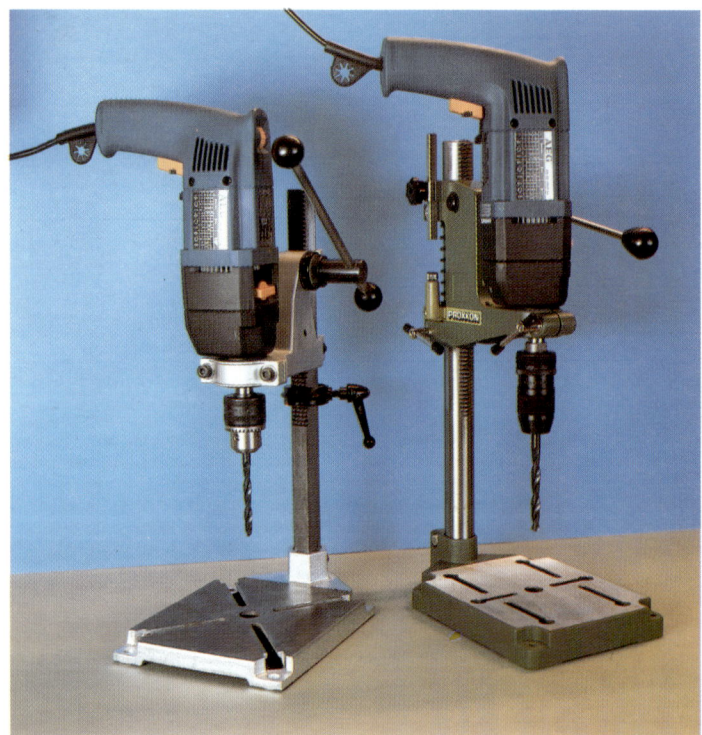

Abb. 2

wenig bearbeitet werden wie Platten, die Bohrlöcher weiter weg vom Rand erhalten sollen, als die Ausladung ❶ der Maschine beträgt. Natürlich stehen in der Industrie Bohrwerke jeder Größe, Ausladung und Richtung (horizontal, vertikal) zur Verfügung, bei denen der Bohrervor-

teile viel größerer und teurer Maschinen und wird allgemein als Behelf unterschätzt. Sein Hauptnachteil ist, daß er sich »aufbäumt«. Das heißt, bei hohem Bohrdruck gibt die Säule nach, was sich zum Beispiel ungünstig auswirkt, wenn mit Bohrtiefenbegrenzung (Tiefensteller) eine

Reihe gleicher Senkungen zur Aufnahme von Flachkopf-(Senk-)Schrauben hergestellt werden soll. Bei stärkerem Aufbäumen steht die Bohrerachse natürlich auch nicht mehr senkrecht zum Bohrtisch.

Die größten Vorteile des Bohrständers sind seine Beweglichkeit aufgrund seines geringen Gewichts und die Tatsache, daß mit seiner Hilfe die hervorragenden Eigenschaften moderner Handbohrmaschinen beim stationären Bohren zur Verfügung stehen.

Die preislich erschwinglichen unter den Säulenbohrmaschinen haben zum Drehzahlwechsel nämlich zwei Stufenscheiben, auf denen der Riemen umgelegt werden muß. Abgesehen vom Zeitaufwand (der Riementrieb ist mit einer Schutzhaube abgedeckt, die mehr oder weniger praktisch abzunehmen oder wegzuschwenken ist) für die häufig nötigen Geschwindigkeitsänderungen ist der Drehzahlbereich meist eng (die langsamste nicht wünschenswert langsam, die schnellste gelegentlich nicht schnell genug) und grob abgestuft.

Die Handbohrmaschine ist dagegen mit elektronischer stufenloser Drehzahlregelung ausgestattet, die keine Wünsche offenläßt. Unverzichtbar beim stationären Einsatz ist, daß die Maschine außerdem ein Schaltgetriebe hat. Es verbessert im wichtigen unteren Drehzahlbereich das Drehmoment ganz erheblich, was den Antriebsmotor schont und auch die konstantere Einhaltung der ein-

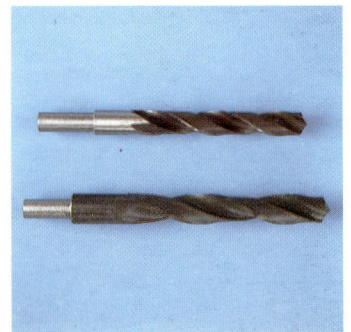

Abb. 3

Abb. 4

gestellten Drehzahl bewirkt. Die elektrischen Handbohrmaschinen in noch handlicher Größe sind mit einem Bohrfutter versehen, das mittels Feingewinde auf dem Wellenstumpf befestigt ist. Sehr große Maschinen dieser Art haben einen Innenkonus (Morsekegel, abgekürzt MK), der direkt Werkzeuge mit dem entsprechenden Außenkegel aufnehmen kann. Der größte Bohrer mit dem MK II hat 23 mm Durchmesser, der größte mit dem MK III 32 mm. Um Bohrungen dieser Größenordnung herzustellen, bedarf es jedoch extrem schwerer, durchzugskräftiger Maschinen, die für Routinearbeiten zu klobig und zu schwerfällig sind. Säulenbohrmaschinen haben diese Werkzeugaufnahmen, mit Ausnahme der allerkleinsten Modelle. Die wenigsten mittelgroßen sind jedoch stabil genug, um über den Bereich von etwa 20 mm hinaus bohren zu können. 20 mm nun kann man mit einer 1000-W-Handbohrmaschine (das sind über 0,7 PS Leistungsabgabe!) allemal bohren. Es gibt auch Bohrer mit verjüngtem Schaft, die sich mit dem gebräuch-

lichen 13-mm-Futter spannen lassen ❸. Es ist wenig zweckmäßig, für Freihandgebrauch die Bohrmaschine jedesmal aus dem Ständer zu nehmen. Doch auch eine kleinere Zweitmaschine sollte die gleichen Merkmale haben wie schon beschrieben: elektronische Drehzahlregelung, Schaltgetriebe, 13-mm-Futter und Rechts- und Linkslauf. Letztere Einrichtung ist nützlich zum Schrauben in Holz, unentbehrlich jedoch zum rationellen Innengewinde schneiden, wovon noch zu reden sein wird.

Spiralbohrer sind heute durchweg aus HSS (Hochleistungs-Schnell-Stahl) gefertigt und nicht aus dem Vollen gefräst. Das bedeutet, daß die Faserstruktur des Stahls nicht unterbrochen ist und wir Werkzeuge von hoher Qualität in die Hand bekommen.

Früher – als es auch noch selbstgefertigte Drillbohrer gab – hat man mit sehr niedrigen Umdrehungszahlen gebohrt (die mit Transmissionsriemen angetriebenen Maschinen gaben in dieser Hinsicht auch nicht allzuviel her), um die Erwärmung des

Bohrers gering zu halten. Er verlor nämlich schon bei relativ niedrigen Temperaturen seine Härte. Außerdem spalteten sich gefräste Bohrer gelegentlich der Länge nach auf, obwohl die Kerne dicker gehalten waren als heute ❹. Der Bohrerkern wird übrigens in Richtung Schaft dicker, was die Ursache dafür ist, daß sich Bohrer, von denen ein größeres Stück abgebrochen ist, schlecht wieder anschleifen lassen. Man bringt keine schmale Querschneide ❺ mehr zustande, weshalb ein solcher »geretteter« Bohrer mehr Kraft braucht und weniger leistet, wenn es ins Volle geht. Bei Bohrern mit großem Durchmesser, für die sowieso vorgebohrt wird, stört das weniger. Die gute Qualität der Spiralbohrer hat bei vereinzelten Bohrungen einen Vorteil: man braucht nicht unbedingt zu kühlen. Kühlen war früher unumgänglich; an jeder Bohrmaschine hing ein Gefäß mit Kühlmittel (man kann die gleiche Emulsion verwenden wie für die Kaltsäge) und einem Pinselchen. Abgesehen davon, daß man beim Bohren die linke Hand auch anderweitig braucht, ist das Hantieren mit einem Pinsel am laufenden Bohrer natürlich gefährlich. Wenn schon gekühlt werden soll, dann ist es wohl besser, die Emulsion in eine gekennzeichnete (!) Ölspritzflasche zu füllen und die Bohrstelle gefahrlos aus einigen Zentimetern Entfernung zu versorgen. Natürlich laufen in der Industrie hochbeanspruchte Bohrer heute wie früher unter Strömen zuge-

pumpten Kühlmittels. Diese Maschinen sind aber so eingerichtet, daß die Mengen wieder aufgefangen und der Pumpe zugeführt werden. Uns bleiben als unangenehme Nebenerscheinung des Kühlens die Reinigungsarbeiten, die sich bei trockenem Bohren lediglich auf einige Wischer mit dem Handfeger beschränken (aber bitte nicht bei laufendem Bohrer!). Grauguß schmiert beim Bohren selbst (hoher Kohlegehalt), Messing darf nicht geschmiert werden, und Aluminium (nicht Aluminiumguß, da wird grundsätzlich trocken gebohrt) erwärmt sich auch nicht so sehr, daß gekühlt werden müßte. Dafür setzen sich Späne am Bohrer fest und stumpfen die Spitze ab, um so mehr, je weicher (reiner) das Aluminium ist. Da kann mit Seifenwasser eine Erleichterung geschaffen werden.
Für Höchstleistungen, wie sie automatischen Bearbeitungseinheiten abverlangt werden, gibt es unterschiedliche Spiralbohrer für die verschiedenen Anforderungen. Die Bohrer für weiche Werkstoffe haben eine enge Wendel (kleine Steigung), die für hartes Material eine weite, flache Wendel (kleiner Spiralwinkel) ❻. Die Bohrer mit kleinem Spiralwinkel für hartes Material gibt es auch mit Hartmetall-Bestückung. Sie dürfen nicht verwechselt werden mit den gebräuchlichen Steinbohrern. Die haben an den Schneiden andere Winkel und sind mit einer anderen Hartmetallsorte bestückt. Ein bestückter Metallbohrer kann eingesetzt wer-

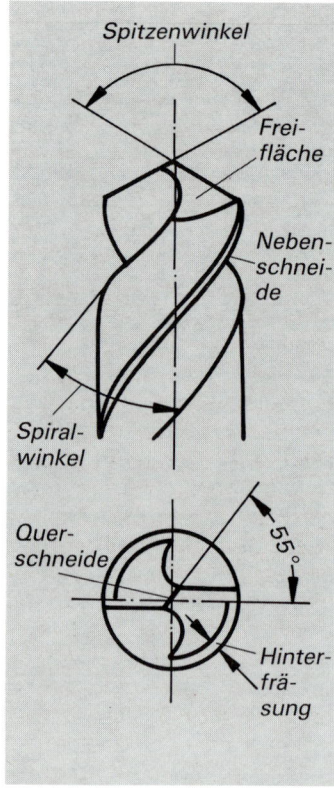

Abb. 5

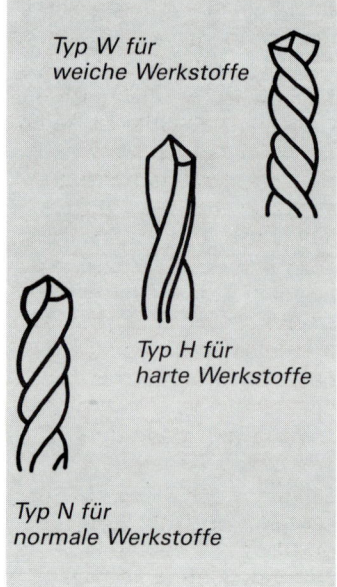

Abb. 6

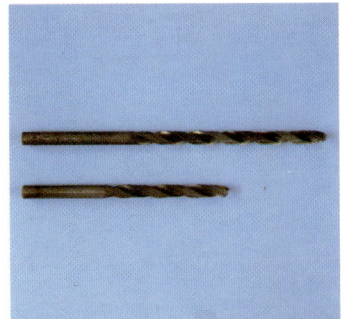

Abb. 7

den, wenn extreme Aufgaben es erfordern, zum Beispiel, um Federstahl zu bohren. Spezialbohrer lohnen die Anschaffung für die Hobbywerkstatt nicht. Allenfalls werden gelegentlich besonders lange Bohrer benötigt. Abbildung ❼ zeigt das Längenverhältnis zu normalen Bohrern.

Unter Umständen können normale HSS-Spiralbohrer beim Nachschärfen durch geringfügiges Verändern des Spitzenwinkels und der Freifläche besonderen Aufgaben angepaßt werden.

Das Nachschärfen ist eine Erfahrungs- und Übungssache, sofern es aus der freien Hand an der feinkörnigen Schleifscheibe des Doppelschleifbocks durchgeführt wird ❽.

Die Spiralbohrerspitze stellt auf den ersten Blick einen stumpfen Kegel dar, dessen Mantelfläche von den Spannuten unterbrochen wird. So einfach ist die Form jedoch nicht: Die beiden Kegelflächenteile müssen »hinterschliffen« sein, so daß eine Freifläche entsteht, damit nur die Schneiden mit dem zu bohrenden Material in Kontakt kommen ❺.

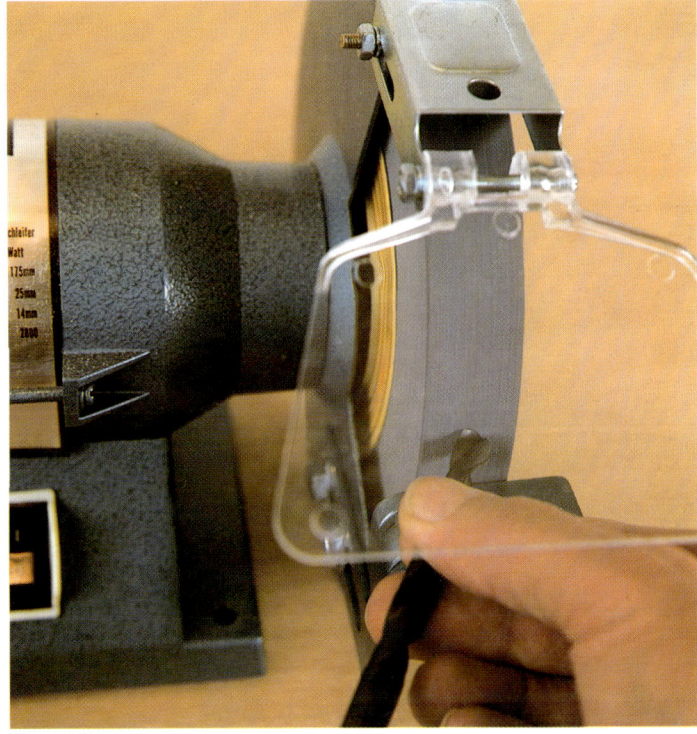

Abb. 8

Es gibt preiswerte und mittelteure Vorrichtungen, die helfen, eine Spitze anzuschleifen. Die Erfolge sind aber nicht überwältigend. Selbst in der Industrie, wo hochtechnisierte Spiralbohrer-Schleifmaschinen eingesetzt werden, kommt es vor, daß ein Bohrer einen letzten Freihandschliff erhält.

Das Bohreranschleifen erlernt man am besten mit einem nicht sehr abgenützten, nicht zu dünnen (10-mm-) Bohrer. Nimmt man zum Probieren einen ganz neuen, schwarz phosphatierten, dann kann man am teilweisen Abschliff der Schwärze auf den Freiflächen sehen, in welcher Richtung man von der Idealstellung abgewichen ist. Sieht man von vorn auf

den Bohrer, so erkennt man in Richtung Spannute-Spannute die kurze Querschneide, deren Länge der Dicke des Bohrerkerns entsprechen sollte. Ist sie länger, dann steht sie im falschen Winkel, das heißt, daß von den Freiflächen nahe der Schneide zuviel (oder vom entgegengesetzten Ende zu wenig) abgeschliffen wurde.

Mit etwas Erfahrung im Bohrerschleifen kann man von der Norm abweichen und bei Bedarf ganz wenig oder extrem viel hinterschleifen ❾.

Der stark hinterschliffene Bohrer braucht beim freihändigen Bohren weniger Vorschubdruck, was bei Montagearbeiten mit vielen Bohrungen zu schätzen ist. Der sehr flach hinterschliffene

Abb. 9

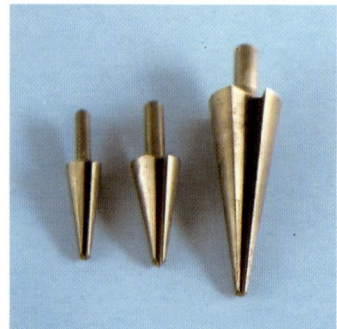

Abb. 10

Abb. 11

Abb. 12

Bohrer bringt bessere Ergebnisse beim Bohren dünner Bleche. Da entsteht nämlich unter Umständen ein unschönes dreieckiges Loch. Besser zurecht kommt man mit einer Holz- oder Plastikauflage, die den Bohrer führt und am Schwingen hindert. Spezielle Schälbohrer ❿ erzeugen ein sauber rundes Loch, doch ist dieses konisch, was allerdings höchstens mal bei Blechdicken von 2–2,5 mm unerwünscht sein könnte. Schwieriger ist es schon, einen einigermaßen genauen Lochdurchmesser zu erhalten. Man kann nur vorsichtig vorgehen und sehr häufig messen. Ihre hauptsächliche Verwendung finden diese Schälbohrer bei Bohrungen im Karosserieblech von Autos, wenn Zubehör wie Antenne oder Zusatzscheinwerfer angebracht werden soll.

Bei der Wahl der Drehzahl zum Bohren von Stahl ohne besondere Eigenschaften sollte eine Schnittgeschwindigkeit von 20–35 m/min (siehe auch Kapitel »Schleifen«) eher unter- als überschritten werden. Je größer der Bohrerdurchmesser, desto geringer soll die Schnittgeschwindigkeit und desto größer kann der Vorschub sein. Als Vorschub (in Formeln Zeichen »s«) in mm pro Umdrehung wird 0,05–0,45 empfohlen. Das ist natürlich eine große Spanne. Ohnehin lassen sich solche Vorgaben nur industriell in der Praxis anwenden, Voraussetzung ist da eine Maschine mit automatischem Vorschub.

Eine überschlägige Rechnung ergibt, daß bei einer Schnittgeschwindigkeit von 20 m/min ein 10-mm-Bohrer rund 630 Umdrehungen in der Minute machen sollte. Bei einem mittleren Vorschub von 0,2 mm je Um-

Abb. 13

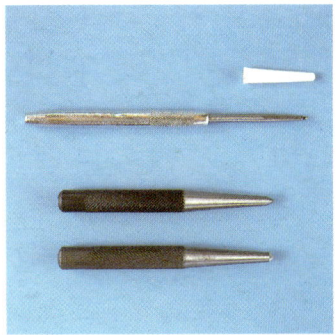

Abb. 14

drehung würde dieser Bohrer theoretisch in einer Minute 126 mm tief bohren, also ein 10 mm tiefes Loch in etwa 5 Sekunden schaffen. Das ist eine sehr gute Leistung, die sich allerdings ohne Kühlung nicht allzuoft wiederholen läßt. Im Hinblick auf die erwähnten Begleiterscheinungen beim Kühlen ist zu erwägen, ob es nicht praktischer ist, einige wenige Löcher bei einem Drittel der Drehzahl in der dreifachen Zeit trocken zu bohren. Eine Kühlung kann vor allem beim waagerechten Bohren in eine senkrechte Fläche (Montage) nicht erfolgen, es sei denn, ein Helfer spritzt laufend Kühlflüssigkeit auf die Bohrstelle, damit diese sich nicht zu sehr erhitzt.

Spiralbohrer erzeugen eine größere Bohrung, als ihr Durchmesser beträgt, sonst würde sich der Bohrer gar nicht mehr aus dem Loch ziehen lassen. Bei Durchgangslöchern für Schrauben und selbst bei Kernbohrungen für Gewinde spielt diese Toleranz im allgemeinen keine Rolle. Wo genauere Maßhaltigkeit erwünscht ist, muß darauf geachtet werden, daß die Bohrerspitze symmetrisch angeschliffen ist. Umgekehrt kann, wenn eine Bohrung ein, zwei Zehntelmillimeter größer werden soll und der passende Bohrer nicht zur Verfügung steht, dieser Effekt ausgenützt werden, indem der Bohrer bewußt aus der Mitte angeschliffen wird. Möglichst enge, ge-

naue Bohrungen erzielt man mit extrem niedrigen Drehzahlen, die nur an der Handbohrmaschine eingestellt werden können und für die die einfache Säulenbohrmaschine nicht geeignet ist. Weil dickere Bohrer eine recht lange Querschneide haben ⓫, wird man mit ihnen selten ins Volle bohren. Um eine Bohrung genau dort einzubringen, wo man sie haben will, ist Ankörnen erforderlich. ⓬, ⓭ zeigen, wie der Körner zuerst schräg angesetzt und dann aufgerichtet wird. Es ist einleuchtend, daß die Körnung nur Bohrer zentrieren kann, deren Querschneide kürzer ist als der Durchmesser der Körnung. Bei etwa 8 mm Bohrerdurchmesser liegt die Grenze, oberhalb derer mit 5–6 mm vorgebohrt werden sollte. Zum Anreißen und Körnen von Bohrstellen dienen Reißnadel und Körner ⓫. Der spitze 60°-Körner ist für kleine (bis 4 mm), während der 90°-Körner für alle größeren Bohrungen gedacht. Die Reißnadel mit Hartmetallspitze hat den Vorteil, daß sie kaum angeschliffen werden muß, doch ist sie pfleglich zu behandeln und nach Ge-

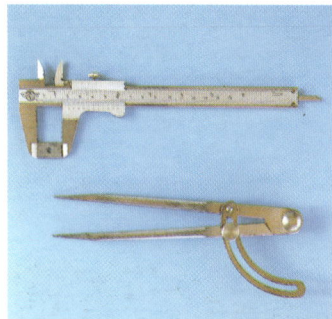

Abb. 15

Abb. 16

Abb. 17

brauch durch eine Plastikhülle zu schützen.
Zu Kanten parallele Risse zieht der Zirkel, der nach dem Maßstab oder der Schieblehre ⓯ (fälschlich »Kaliber« genannt) eingestellt wird, quer zur Kante reißt man am Anschlagwinkel ⓰ mit so schräg gehaltener Reißnadel, daß ihre Spitze am Anschlagwinkel anliegt. Die Qualität der Schieblehre – Genauigkeit 0,1 mm – kann eher beim Nachkontrollieren als beim Anreißen nützen. Ohnehin sollte man eine gute Schieblehre in Reserve halten, um Genaueres – meist Materialdicken, aber auch Bohrer- und Bohrungsdurchmesser und Abstände – zu messen, und sich für den rauheren Betrieb mit

einem mehr abgenützten Stück begnügen. Auf das Messen mit der Schieblehre wird im Abschnitt »Drehen« näher eingegangen.
Der Bohrer hat, besonders wenn er festhakt, das Bestreben, das Werkstück mitzureißen. Besonders kleine Teile beginnen sich mitzudrehen und können schlimme Verletzungen hervorrufen. Handschuhe dürfen beim Bohren nicht getragen werden. Sie würden – vom Bohrer erfaßt – selbst eine große Gefahr darstellen.
Kleine Teile werden deshalb, soweit sie parallel oder rund sind, zwischen die Flächen oder in die Prismen des Maschinenschraubstocks gespannt ⓱. Nur bei kleinen Bohrerdurchmessern bis

etwa 6 mm kann man den Schraubstock mit der Hand festhalten. Für alle schwereren Arbeiten muß der Schraubstock mit zwei Schrauben befestigt werden. Um das in jeder Lage zu ermöglichen, hat er seitlich Schlitze, der Bohrtisch T-Nuten oder auch Schlitze und erhöhte Ränder, die den Schraubenköpfen unter dem Tisch Platz lassen.
Außerdem hat der Bohrer, wenn er sich beim Austritt aus dem Material verhakt, das Bestreben, das Werkstück in die Höhe zu ziehen. Schlecht gespannte Stücke können sogar aus dem Maschinenschraubstock gerissen werden. Der Bohrer wirkt wie eine Schraube mit riesiger Gewindesteigung,

Abb. 18

Abb. 19

Abb. 21

Abb. 20

weshalb der Vorgang ruckartig geschieht und nicht zu beherrschen ist.

Deshalb muß jedes zu bohrende Werkstück auch niedergehalten werden. Ein längeres Flacheisen zu bohren, das sich zwar nicht mitdrehen, aber abheben kann, ist gefährlich. Mindestens eine gute (federnde) Schraubzwinge ist erforderlich ⓲. Weniger handlich, aber bei richtiger Anwendung sicher, sind Pratzen, wie sie auch zum Festhalten zu fräsender Stücke verwendet werden ⓳. Dünne Werkstücke, vor allem Bleche, müssen beim Bohren meistens mit Holz unterlegt werden ⓴.

Der Übergang von Stahl in Holz verhindert beim Austritt des Bohrers das Einhaken. Dazu ist es aber erforderlich, daß die Holzunterlage laufend nachgeschoben wird, so daß jede Bohrung in neues Holz trifft.

Beim freihändigen Bohren, zum Beispiel in senkrechte Flächen größerer Teile, muß der Zusatzhandgriff der Handbohrmaschine benützt werden ㉑. Das zu bohrende Teil muß eingespannt werden, außer es ist so groß und schwer, daß die Kraft des Bohrers nicht ausreicht, es mitzureißen.

Bei der industriellen Serienfertigung werden meist Bohrvorrichtungen eingesetzt. Das Werkstück wird in die Vorrichtung eingelegt und mit Klemmschrauben oder Exzenterhebeln festgespannt, oder die Vorrichtung wird aufgelegt, durch Anschläge fixiert und wiederum befestigt. Gehärtete Bohrbuchsen, die dort eingesetzt sind, wo gebohrt werden soll, führen den Bohrer von Anfang an, so daß sich Anreißen und Körnen erübrigen. In Einzelfällen lohnt es sich, eine einfache, grobe Vorrich-

Abb. 22

Abb. 23

Abb. 24

tung einzusetzen, wenn gleichliegende Bohrungen oder Bohrlochgruppen (Bohrbilder) einige Male zu wiederholen sind ㉒, ㉓. Wenn keine Bohrbuchsen zur Anwendung kommen, sondern die Bohrerführung durch einfache Löcher in weichem Stahl geschieht, ist die Vorrichtung natürlich schnell ausgeleiert. Sie kann ohnehin nur für gröbere Arbeiten eingesetzt werden.

Die meisten Bohrungen in Metallen werden angesenkt ㉔ ㉕. Meist handelt es sich um eine sogenannte Schutzsenkung. Es geht hierbei um ein Entgraten der Bohrlöcher. Die entgratete oder mit Schutzsenkung versehene Bohrung ist weniger gefährdet durch Stöße und

Schläge, die während der Weiterverarbeitung oder beim Transport auftreffen können. Bei scharfkantigen Löchern wird in solchen Fällen der Bohrlochrand nach innen gedrückt. Das kann so weit gehen, daß ein eng gebohrtes Durchgangsloch die Schraube nicht mehr aufnehmen kann und Nacharbeit anfällt – ärgerlich bei der Montage.

Senker ㉖ bestehen heute durchweg aus HSS-Stahl und haben (bei kleinen Durchmessern) fünf Schneiden. Eine ungerade Anzahl von Schneiden ist unbedingt erforderlich, da Senker mit einer geraden Anzahl von Schneiden ebenso wie Senker mit nur drei Schneiden zum Rattern neigen.

Die Zerspanungsleistung der Senker ist gering, weil für Spannuten zwischen den Schneiden wenig Platz ist. Bei tiefen Senkungen kleiner Durchmesser kann es notwendig sein, den Senker einige Male anzuheben (die Bohrmaschine ausschalten!) und die Spannuten mit der Messingdrahtbürste zu reinigen. Besonders bei Aluminium – wie beim Bohren – können sich festhaftende Späne ansetzen, die nur schwer zu entfernen sind. Zum Senken wird grundsätzlich die niedrigste verfügbare Drehzahl der Bohrmaschine eingestellt. Diese Arbeitsweise ergibt das sauberste Ergebnis und schont den Senker. Der ist freihändig nicht nachzuschärfen, und ihn

Abb. 25

Abb. 26

Abb. 27

Abb. 28

zum Schärfen wegzugeben, das lohnt sich nicht.
Trotz der Universalität der Senker – man kann ja mit einem Werkzeug kleinere und größere Löcher entgraten und ansenken – sind mehrere Größen von Senkern notwendig. Große Senker (ab etwa 20 mm Durchmesser) haben keine Spitze und sind deshalb für kleine Bohrungen nicht zu gebrauchen. Für Bohrungen in der Nähe einer Wandung können nur kleine Durchmesser eingesetzt werden, weil schon mittlere nicht mehr Platz haben. Solche Senker müssen dann auch länger sein, damit das Bohrfutter aus dem Wandungsbereich kommt ❷❼.
Senker gibt es mit unterschiedlichen Winkeln an der Spitze, die gebräuchlichsten haben 90°, was dem wichtigsten Anwendungsbereich entspricht: dem Herstellen von Senkungen für die Köpfe von Linsenkopf- und Flachkopfschrauben ❷❽.
Bild ❷❽ zeigt links eine Senkung mit leichten Rattermarken (die Folge zu hoher Drehzahl), dann die einwandfreie Ausführung, eine zu wenig tiefe und eine schon etwas zu tiefe Senkung.
Mittelbar mit Bohren und Senken haben sogenannte Durchbrüche zu tun. Es sind Löcher der vielfältigsten, nicht einfach runden Form. Am häufigsten begegnet man dem Langloch, mit dessen Hilfe etwas verstellbar befestigt werden soll oder das vorgesehen wird, weil

Abb. 29

bei größeren zusammenge-
setzten Werkstücken die
Lage eines Bohrlochs nicht
zweifelsfrei zu bestimmen
ist. Dann schafft das Langloch Montagespielraum.
Früher wurden Durchbrüche
geschaffen, indem am Rand
Loch neben Loch gebohrt
wurde, die Zwischenräume
mußten dann ausgemeißelt
werden. Da blieb natürlich
allerhand zum Nachfeilen. In
vielen Fällen können wir heute glücklicherweise auf das
Meißeln verzichten.
Ein Langloch wird genau
angerissen, und an seinen
Enden werden zwei Löcher
gebohrt ㉙ und angesenkt.
Sind die Löcher groß genug,
kann die Stichsäge einge-
setzt werden ㉚, sonst muß
man so viel ausfeilen, daß
das Sägeblatt Platz findet. Es
kann nur eine elektronisch
regelbare Maschine verwendet werden, die auf langsamste Hubfolge eingestellt ist.
Vorteilhaft ist der sogenannte Pendelhub, der das Sägeblatt entlastet. Trotzdem muß
hier geschmiert werden, und
zwar die Unterseite des
Werkstücks, da ja die Säge
von unten nach oben arbeitet. Am einfachsten ist es,
unten einen tüchtigen Klacks

Abb. 30

Abb. 31

Schmierfett aufzutragen ㉛.
Bei einiger Übung läßt sich
so genau sägen, daß Nach-
feilen kaum noch nötig ist ㉜.
Noch exakter wünscht man
sich zum Beispiel die Schloß-
kastenabdeckung eines Pro-
filzylinderschlosses ㉝.

Abb. 32

Abb. 33

Abb. 34

Auch diese Aufgabe läßt sich auf die beschriebene Weise lösen ㉞, wobei für die beiden Bohrungen die weiter oben gezeigten Schälbohrer sehr gut eingesetzt werden können.

Gewindeschneiden

Wird eine Nut in Form einer Schraubenlinie in die Außenfläche eines zylindrischen Körpers (Außengewinde) oder in die Innenfläche eines zylindrischen Hohlkörpers (Innengewinde) eingeschnitten, entsteht ein Gewinde. Verleiht man einem elastischen Draht eine Schraubenlinie, entsteht eine Feder. Die einzelnen Windungen des Gewindes heißen Gänge, die Entfernung von Gang zu Gang nennt man Steigung. Bei Gewinden mit extrem hoher Steigung läßt sich der Gewindebolzen in Umdrehung versetzen, wenn man die Mutter in Längsrichtung verschiebt. Wir kennen das vom Drillbohrer aus dem Laubsägekasten und vom Brummkreisel. Wird die Gewindesteigung verringert, so wird sich der Drillbohrereffekt nicht mehr erzielen lassen, das Gewinde ist selbsthemmend. Diese Eigenschaft der Gewinde macht die Hauptanwendung in der Technik möglich, die Befestigung mittels Gewindebolzen (mit Außengewinde) und Gewindebohrungen (mit Innengewinde).

Im Maschinenbau sind Bewegungsgewinde wichtig und überall anzutreffen. Ein Bolzen mit oft höchstgenauem, vielfach gehärtetem und geschliffenem Gewinde (in dieser Form Spindel genannt) bewegt ein unter Umständen tonnenschweres Maschinenteil, das die Mutter enthält. Die Gänge der Bewegungsgewinde haben Querschnitte, die großen Belastungen standhalten. Meist ist es die geläufige Trapezform (Trapezgewinde), seltener, wenn die Last einseitig besonders groß ist, die Sägezahnform (Sägengewinde). Rundgewinde sind besonders robust und werden überall dort verwendet, wo keine besondere Genauigkeit gefordert ist, zum Beispiel als Verstellgewinde bei Gipser- und Maurergerüsten. Auch die Gewinde der Glühlampensockel beispielsweise sind Rundgewinde. Befestigungsgewinde an Schrauben im weitesten Sinn, um die es uns hier geht, haben Gewindegänge mit dreieckigem Querschnitt (Spitzgewinde). Für besondere Zwecke, manchmal nur, um zwei in den Maßen glei-

Metrische ISO-Gewinde			
Gewinde-durchmesser	Kernloch-bohrer	Sechskant-schlüsselweite	Muttern-höhe
M 3	2,5	5,5	2,4
M 4	3,3	7	3,2
M 5	4,2	8	4
M 6	5,0	10	5
M 8	6,8	13	6,5
M 10	8,5	17	8
M 12	10,2	19	9,5
M 14	12,0	22	11
M 16	14,0	24	13

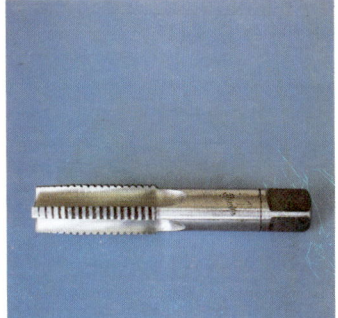

Abb. 1

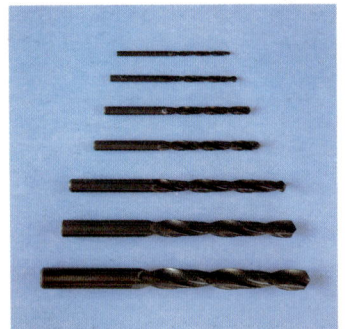

Abb. 2

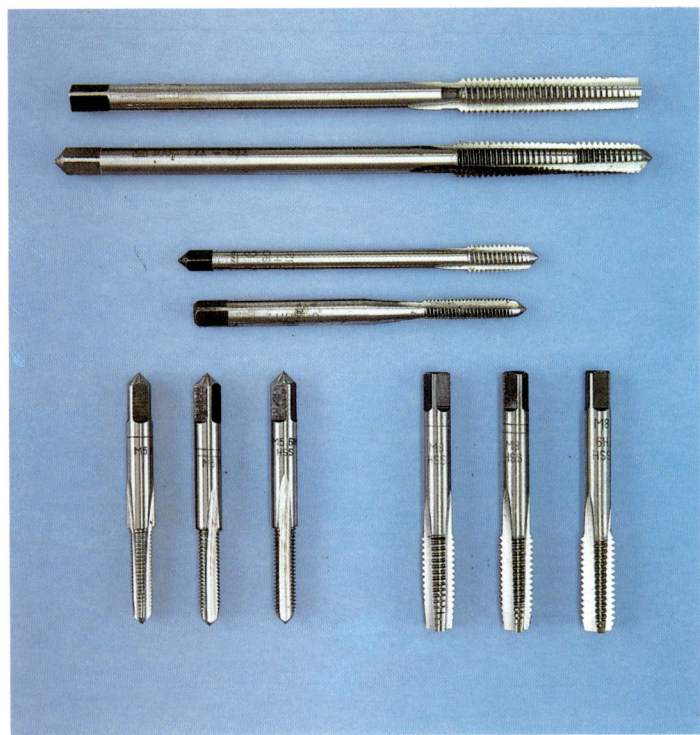

Abb. 3

che Gewinde nicht miteinander zu verwechseln (siehe Kapitel »Schweißen«), gibt es linksgängige Gewinde, kurz Linksgewinde genannt. Es ist also theoretisch möglich, anhand von Durchmesser, Steigung und Querschnitt jedes beliebige Gewinde herzustellen, das dem Konstrukteur für die anstehende Aufgabe geeignet erscheint. Eine solche Handhabung ist natürlich praktisch unmöglich. Deshalb wurden Gewinde bereits in der industriellen Frühzeit genormt. In Europa und fast überall auf der Welt – ausgenommen sind die angelsächsischen Länder – ist das metrische (ISO-)Gewinde gebräuchlich. Die schnellste und billigste Methode der Herstellung von

Gewinden ist (außer in der Schraubenindustrie, wo Außengewinde spanlos gerollt werden) das Schneiden mit Gewindebohrern ❶ (Innengewinde) oder mit Schneideisen (Außengewinde). Tabelle 1 zeigt die bevorzugte Reihe der metrischen Gewinde mit Normalsteigung. Nur innerhalb der Maße dieser Reihe hat die Anschaffung von Werkzeugen Sinn. Es sind die Gewinde der handelsüblichen Schrauben und Muttern. Natürlich gibt es auch Zwischenmaße, die zwar ebenfalls genormt sind, aber zum Teil so selten gebraucht werden, daß man ihnen praktisch nie begegnet. Einzelne davon sind häufiger anzutreffen, beispielsweise M 3,5,

das für die Klemmschrauben in elektrischen Steckern gebräuchlich ist. Eine andere Normreihe umfaßt die metrischen Feingewinde. Ihre Steigungen sind auf den Werkzeugen angegeben. Deshalb kann man davon ausgehen, daß Werkzeuge, die nur mit »M« und dem Durchmesser in Millimetern beschriftet sind, zur normalen Reihe gehören. Werkzeuge für Feingewinde können im Einzelfall nützlich sein, etwa Gewindebohrer für Zündkerzengewinde. Die Tabelle 1 führt in Spalte 1 die Nenndurchmesser, in Spalte 2 die Kernlochbohrer auf. Deren teils nicht in grob abgestuften Sortimenten enthaltene Durchmesser machen den Kauf spezieller

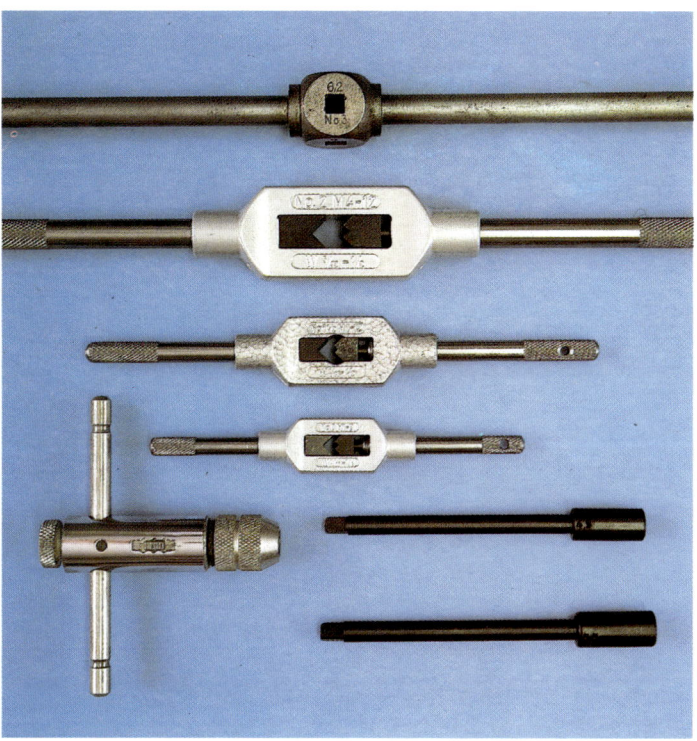

Abb. 4

wäre. Beispiel: Ein Durchgangsgewinde M 10 ist im 8 mm dicken Flacheisen ausreichend, M 5 im 5-mm-Material schon etwas überdimensioniert.

Klassische Gewindebohrer – durchweg aus HSS-Stahl, einfachere Qualitäten sind die wenig geringeren Anschaffungskosten nicht wert – sind in Sätze zu drei Stück aufgeteilt, um die Beanspruchung zu vermindern, da so, im Dreiergespann, theoretisch jeder Bohrer des Satzes nur ein Drittel der Schneidearbeit leisten muß. Man erkennt die Abstufungen an der mehr oder weniger vollendeten Ausprägung der Gewindegänge. Jeder Bohrer hat jedoch am Schaftende, kurz vor dem Einspannvierkant, einen, zwei oder drei Ringe aufgedruckt oder eingestochen, die die Reihenfolge der Anwendungen markieren. Der »Dreier« trägt diese Ringe oft nicht und ist daran als Fertigschneider zu erkennen.

Abbildung ❸ zeigt unten links und rechts solche Gewindebohrersätze. Die Bohrer des Satzes links haben Spitzen, während die rechts stumpf enden. Der Unterschied hat keine Bedeutung bei der Anwendung, er ist fertigungstechnisch bedingt. Der andere Unterschied zwischen den beiden Sätzen ist wichtiger. Einmal sind die Schäfte dicker als der Gewindedurchmesser, das andere Mal geringfügig dünner als die Kernbohrung. Die Gewindebohrer mit dem dicken Schaft müssen in jedem Fall zurückgedreht werden, und es ist mit ihnen nicht mög-

Kernbohrer erforderlich. Es gibt fertig zusammengestellte Sätze ❷, die man von anderen Bohrern getrennt (am besten zusammen mit Gewindebohrern) aufbewahren sollte.

Spalte 3 der Tabelle nennt die Schlüsselweiten, die zu den Sechskantschraubenköpfen und -muttern passen, welche den jeweiligen Gewindedurchmessern zugeordnet sind. Abweichungen gibt es hauptsächlich im Fahrzeugbau, wo Schraubenköpfe und Sechskantmuttern oft kleiner sind, als es den Maschinenbaunormen entspricht. Teilweise ist das mit angestrebter Gewichtsersparnis zu erklären. Die Mutternhöhe in Spalte 4 ist aufgenommen worden,

um einen Anhaltspunkt dafür zu geben, ob ein Gewinde im vorgesehenen Material tief genug ist (genügend Gänge hat), um die optimale Festigkeit zu erreichen. Die Werte nennen die Höhe der Mutter, die ausreichend ist. Das heißt, daß größere Festigkeit nicht zu erreichen ist, wenn man die Mutter höher macht, weil dann bei Überlastung ein anderes Gewindeteil nachgibt, etwa die Gewindegänge des Bolzens abgeschert werden.

Wir können anhand dieser Zahlen abschätzen, ob eine schwer belastete Gewindebohrung tief genug ist oder ob an dieser Stelle eine Materialverstärkung oder eine zusätzliche Mutter (wenn konstruktiv möglich) ratsam lich, ein tieferes Gewinde zu schneiden, als ihre Gewindelänge beträgt, was aber selten stören dürfte. Die Bohrer mit dem dünnen Schaft können durchgedreht werden, wonach man sie durch Öffnen des Windeisens an der Rückseite des Materials abnehmen kann.

Gewindebohrer werden mit ihrem Vierkant von einem passenden Windeisen aufgenommen. ❹ zeigt oben ein älteres Modell, das Kugelwindeisen, das nicht mehr gebräuchlich ist. Darunter sind drei Größen verstellbarer Windeisen abgebildet. Neben dem Vorteil, daß jedes dieser Werkzeuge mehrere Größen von Gewindebohrern aufnehmen kann, spannen sie den Bohrer auch fest. Das ist ein angenehmeres Arbeiten als mit Windeisen mit starren Vierkantlöchern, die nur eine wacklige Verbindung zum Gewindebohrer herstellen können. Der Bohrer ist dann schwieriger senkrecht anzusetzen und fällt auch leicht heraus, wenn man nicht aufmerksam genug ist.

In verwinkelten Konstruktionen fehlt oft der Platz, den die ausladenden Arme des Windeisens zur ganzen Umdrehung brauchen. Umstecken ist zeitraubend und unangenehm. Hier hilft das Patentwerkzeug ❹ unten links, das eine Rätsche, wie üblich verstellbar rechts – fest – links hat. Der Gewindebohrervierkant wird von einer Art Zweibackenfutter mit Prismen aufgenommen. Dieses Werkzeug ist für kleinere Gewinde bis etwa M 8 geeignet. Man bekommt es

Abb. 5

auch in langer Ausführung, dann kann es Verlängerungen ersetzen.

Manchmal sind Gewinde zum Beispiel in vertieft eingeschweißte Böden zu schneiden. Dann muß man Verlängerungen (❹, unten rechts) aufstecken. Sie haben an den Enden gleich große Vierkante, einmal innen zur Aufnahme des Gewindebohrers und einmal außen zum Aufsetzen des Windeisens.

Das senkrechte Ansetzen der Gewindebohrer verlangt einiges Geschick und Übung ❺. Voraussetzung ist natürlich auch ein senkrecht gebohrtes Kernloch. Schräg angesetzte Gewindebohrer werden beim Eindrehen einseitig belastet und gehen schließ-

lich zu Bruch. In der Lehrlingsausbildung ist es Pflicht, nach dem Ansetzen des Bohrers das Windeisen abzunehmen und den senkrechten Stand des Bohrers in zwei Richtungen mit dem Winkel zu prüfen. Abgesehen davon, daß nicht immer (zumal bei schmalen Flacheisen) Platz für das Anlegen des Winkels ist, wäre an der Methode noch mehr auszusetzen: Ist der Bohrer nämlich schon eine halbe Umdrehung oder mehr schief eingedreht, dann ist nicht ganz einfach, nur wenig neben dem falschen Gang einen neuen zu schneiden. Da kommt uns entgegen, daß der erste Bohrer des Satzes meist stark konisch ausgebildet ist, so daß er sich ohne

Drehen tief genug in die Kernbohrung stecken läßt, um festzustehen.

Das ist der richtige Zeitpunkt, nicht zu sparsam zu ölen, denn Gewindebohren ohne Schmieren kann nicht gutgehen! Nicht nur, daß die feinen scharfen Spitzen der Gänge unzulässig abgenützt werden, ohne Öl bricht der glasharte Bohrer vielleicht sogar ab.

Zum Teil liegt das daran, daß die erzeugten Schneidspäne in den Nuten der Gewindebohrer nicht recht Platz haben. Gut schneidende Bohrer erzeugen in nicht zu hartem Stahl recht lange Späne, die sich dann verklemmen.

Um das zu verhindern, müssen die Späne gebrochen werden. Das wird dadurch erreicht, daß der Bohrer keineswegs zügig eingedreht wird. Vielmehr dreht man etwa $1/4$ Umdrehung vorwärts, $1/8$ zurück, um die Späne zu lockern. Läßt sich der Bohrer einmal nicht gewaltlos zurückdrehen, so ist Vorsicht geboten! Öl und Preßluft können etwas bewegen, auf jeden Fall muß der Bohrer mehrfach ganz wenig vor- und zurückgedreht werden, immer in die Richtung, in die er sich mit weniger Kraft drehen läßt.

Vor Beginn des Schneidens eines weiteren Gewindes müssen aus Bohrernuten und -gewinde alle Späne entfernt werden. Dazu dient eine kleine Messingdrahtbürste oder eine Zahnbürste. Die Qualität der Gewindebohrer ist höchst unterschiedlich. Wenn einer nicht gut schneidet, obwohl er noch nicht viel gebraucht

wurde und deshalb nicht stumpf sein kann, ist es besser, ihn wegzuwerfen, als ihn in der Bohrung eines Werkstücks abzubrechen, was viel Aufwand nach sich zieht.

Daß die Hersteller es mit der Norm gelegentlich nicht so genau nehmen, kann man daraus ersehen, daß ein »Einser« oft einfach ins vorschriftsmäßig gebohrte Kernloch fällt. Seine Arbeit muß dann der »Zweier« teilweise mit übernehmen, und der ist weniger geeignet und auch schwerer anzusetzen, weil er nicht so deutlich konisch ist. Größte Vorsicht ist geboten beim Gewindeschneiden in nicht durchgehende, sogenannte Sacklöcher. Solche Gewinde sind nach Möglichkeit zu vermeiden. Das geht natürlich nicht immer; sei es, daß das Werkstück sehr dick ist oder von dünnen Werkstücken die Rückseite sichtbar bleibt und man dort keine Bohrlöcher zu sehen wünscht.

Im ersten Fall – sehr dickes Werkstück – macht man die Kernbohrung sehr viel tiefer, als für das Gewinde nötig. Es können sich dann Späne in der Tiefe der Bohrung ansammeln, wo sie das Gewindeschneiden überhaupt nicht behindern.

Seichte Sacklochgewinde sind deshalb so schwer zu schneiden, weil »Einser« und »Zweier« infolge ihrer konischen Verjüngung nur wenig vorarbeiten. Der »Dreier« muß dann in der Tiefe des Lochs die ganze Arbeit leisten und ist damit sehr stark belastet.

Etwas darf nie passieren: daß der Gewindebohrer auf

dem Lochgrund anstößt! Sitzt er auf, so führt ein einziger Versuch, ihn weiterzudrehen, zum Bruch. Man sollte sich da nie auf das Gefühl verlassen, sondern öfter das Windeisen abnehmen und mit einem Tiefenmesser oder der Tiefenmeßeinrichtung der Schieblehre bestimmen, wie weit noch zu drehen ist. Je nach Material kann es unerläßlich sein, öfter Späne auszublasen oder das Werkstück auszuspannen und zu wenden, um die Späne herauszuklopfen.

Kann das Schneiden von Sacklöchern sehr zeitaufwendig sein, so ist das Schneiden einer größeren Anzahl von Durchgangsgewinden mit 3er-Sätzen auf jeden Fall langweilig. Abhilfe schaffen hier sogenannte Fertigschneider. Das sind hochwertige Gewindebohrer, mit denen ein Innengewinde in einem Arbeitsgang fertig eingeschnitten werden kann (❹, 3. und 4. von oben). Mit der gebotenen Vorsicht lassen sich auch Sacklöcher gewinden, wobei ab einer gewissen Tiefe der Bohrer mit verjüngtem Schaft (3.) dem mit verdicktem Schaft (4.) vorzuziehen ist.

Für alle Durchgangsgewinde ist das Werkzeug schlechthin der Mutterngewindebohrer ❹, (1. und 2. von oben). Er hat stets einen sehr langen Schaft, dünner als die Kernbohrung. Konstruiert wurde er – wie sein Name sagt – für die Herstellung von Muttern. Die Arbeitsweise ist so, daß nacheinander mehrere Muttern bearbeitet werden, die sich nach oben schrauben und auf dem dün-

Abb. 6

Abb. 7

Abb. 8

nen Schaft sammeln. Ist kein Platz mehr, wird der Bohrer ausgespannt und von Muttern entleert.

Die beiden Mutterngewindebohrer unterscheiden sich signifikant voneinander, was auf den ersten Blick nicht auffällt. Beim zweiten Bohrer von oben handelt es sich nämlich um einen »Mutterngewindebohrer mit Vorschneidestufe« – so die Handelsbezeichnung. Das erste Drittel seiner Nutzlänge schneidet ein voll ausgeprägtes Gewinde aber – und das ist der Trick – mit kleinerem Durchmesser als das Nennmaß. Die Vorschneidestufe eines solchen Bohrers M 12 macht zum Beispiel ein Gewinde von 11 mm Durchmesser. Dieses Gewinde erweitert die nachfolgende Fertigschneidestufe auf das Nennmaß. Der aufwendige Vorgang schafft ein sehr sauberes, glattes Gewinde. Das ist aber nicht der größte Vorteil solcher Gewindebohrer. Wichtiger ist, daß sie mit viel weniger Kraftaufwand einzudrehen sind als alle anderen Modelle ❺. Man kann sich bei einiger Übung getrauen, einen solchen Bohrer in das Futter ei-

ner Bohrmaschine (mit regelbarer Drehzahl!) zu spannen und mit Motorkraft unerreicht schnell durchgehende Innengewinde zu schneiden. Unbedingt ist dabei folgender Arbeitsablauf einzuhalten: Bohrer ansetzen – schmieren ❻ – Gewinde bohren ❼ – Maschine umschalten – Gewindebohrer zurücklaufen lassen – Spannuten und Bohrergewinde mit Bürste reinigen ❽. Besonders dann, wenn ganze Reihen von Innengewinden zu schneiden sind, wird man die von industriellen Verfahren nicht zu übertreffende Arbeitsgeschwindigkeit zu schätzen wissen und den verhältnismäßig hohen Preis solcher Gewindebohrer als angemessen betrachten.

Eine geringfügige abgewandelte Technik kann Anwendung finden, wenn keine linkslaufende Maschine zur Verfügung steht. Sie muß dann allerdings mit einem Schnellspannfutter (Kapitel »Bohren«, Bild 1, rechts) ausgestattet sein, wobei nicht jedes derartige Futter den Anforderungen entspricht. Das Futter muß leicht genug zulaufen, um den Bohrerschaft ohne Schlupf zu spannen und muß sich leicht – mit zwei Fingern – wieder öffnen lassen. Dann kann man den Gewindebohrer ganz durchlaufen lassen, ihn ausspannen und wieder zurückholen.

Eine andere, mehr Geschick erfordernde Methode ist, eine der schon beschriebenen Verlängerungen ❹ in die Bohrmaschine zu spannen. Dann steckt man den Gewindebohrer mit seinem Vierkant in den Innenvierkant der Verlängerung. Wenig angenehm ist dabei, daß die ganze Improvisation recht lang wird und wackelig ist. Als Behelf mag diese Arbeitsweise jedoch genügen.

Richtige Gewindeschneidmaschinen – stationär oder als Elektrowerkzeug, das etwa die Form einer Handbohrmaschine hat – haben ein spezielles Futter. Dessen vorderer Teil umfaßt und zentriert den Schaft des Gewindebohrers, zwei gegeneinander schließbare Backen hindern den Vierkant am Verdrehen. Ein Gelenk gibt soweit nach, daß bei unvorsichtiger Führung der Maschine der Gewindebohrer nicht gleich auf Biegung beansprucht wird. Das Raffinierteste ist jedoch ein Zwischengetriebe, das den Bohrer erst auf Längsdruck rechtsherum antreibt. Auf Zug wird er in die meist schnellere Linksdrehung versetzt. Darüber hinaus soll eine Rutschkupplung Überbeanspruchung und Bruch des Bohrers verhindern. Wirklich gut funktioniert jedoch auch dieses Profigerät nur mit bestem Werkzeug, und damit läßt sich auch mit der einfacheren Bohrmaschine sehr gut arbeiten.

Gewinde und Schrauben, Leitungsrohre (für Gas) und ihre Verbindungsstücke, die Fittings, kommen aus der Wiege des Maschinenbaus, aus England. Noch heute sind in den angelsächsischen Ländern Zollgewinde nach Whitworth gebräuchlich. Auch bei uns gibt es Teilbereiche, wo von alters her das Zollgewinde üblich ist, so die Stativgewinde unserer Fotoapparate. Im Rohrleitungsbau für Gas und Wasser ist das Whitworth-Rohrgewinde mitsamt dem Begriff »Fittings« von jeher im Gebrauch. Die Whitworth-Gewinde legen für die Steigung kein bestimmtes Maß zugrunde, sondern basieren auf dem englischen Zoll (Inch, Zeichen '', 25,4 mm).

Tabelle 2 führt die kleineren Whitworth-Gewinde auf. Wir sehen, daß zum Beispiel 5/16'' einen Außendurchmesser von 7,94 mm bedeutet, und diese Zahl ist schon gerundet. Die Steigung beträgt 18 Gänge per Zoll, das sind pro Gang 1,411 . . . mm. Das vergleichbare metrische Gewinde M 8 aus der Normalreihe hat eine Steigung von 1,25 mm. Auf solche Ergebnisse kommt man stets, wenn man die ganze Reihe durchrechnet: das Whitworth-Gewinde ist gröber als das vergleichbare metrische.

Eine weitere Besonderheit ist sein Querschnitt. Im Unterschied zum ISO-Spitzgewinde, dessen Dreiecksquerschnitt ein gleichseitiges Dreieck (Flankenwinkel 60°) darstellt, weist das Whitworth-Gewinde einen Flankenwinkel von 55° auf. Das muß man wissen, wenn man ein solches Gewinde auf der Drehmaschine schneiden will.

Bei Reparatur- oder Restaurationsarbeiten an älteren Geräten kann man auf Zollgewinde stoßen; im Maschinenbau war es ja bei uns noch vor 100 Jahren gebräuchlich. Dann kann die Tabelle helfen, solche Gewinde zu bestimmen, und den Einkauf etwa erforderlicher Gewindeschneidwerkzeuge erleichtern.

Das Whitworth-Rohrgewinde hat mit dem Whitworth-Gewinde das Profil, den Querschnitt (wenn man von Klei-

Whitworth Gewinde auf der Grundlage des englischen Zolls			
Gewindedurchmesser in Zoll	Gewindedurchmesser in Millimeter	Kernlochbohrer (Behelf)	Gangzahl pro Zoll
1/4''	6,35	5	20
5/16''	7,94	6,5	18
3/8''	9,53	8	16
1/2''	12,7	10,5	12
5/8''	15,85	13,5	11

Whitworth-Rohrgewinde		
Ein Zusammenhang zwischen Benennung und Gewinde- (zugleich Rohr-) durchmesser besteht heute nicht mehr. Deshalb sind die Maße in Spalte 2 wichtig für Einkauf und Verarbeitung.		
Benennung	Gewindedurchmesser zugleich etwa Rohr- durchmesser	Gangzahl pro Zoll
R $1/8$	9,73	28
R $1/4$	13,16	19
R $3/8$	16,66	19
R $1/2$	20,96	14
R $3/4$	26,44	14
R 1	33,25	11
R 1 $1/4$	41,91	11
R 1 $1/2$	47,80	11
R 2	59,61	11

nigkeiten wie Aus- und Abrundungen der Gangspitzen absieht) und auch seine Steigung in Gängen per Zoll gemeinsam.

Die Gewindedurchmesser (Tabelle 3) scheinen willkürlich gewählt, es lassen sich keine rechnerischen Bezüge herstellen, nur die Tabellenwerte geben eine Orientierung. Wenn man davon ausgeht, daß sich die Gewindebenennung auf die lichte Rohrweite bezieht, dann stellt man fest, daß auch hier keine Beziehung zu bestehen scheint. Zum Beispiel hat ein $1/2$-Zoll-Rohr einen Außendurchmesser von 20,96 mm; die Rohrlichte müßte $1/2 \times 25,4$ mm = 12,7 mm betragen. Sie ist aber um die 15 mm oder größer, je nachdem, ob es sich um ein leichtes oder mittelschweres Gewinderohr handelt. Diese beziehungslosen Maße lassen sich damit erklären, daß in der Frühzeit der Industrialisierung die Wände der Rohre weit stärker sein mußten als

in unserer Zeit der verläßlichen Stahlqualitäten. Whitworth-Rohrgewinde, in der Kurzbezeichnung durch ein vorgesetztes »R« unterschieden (also R $1/2''$ = 20,96 mm Durchmesser, siehe Tabelle auf Seite 41: $1/2''$ = 12,7 mm, begegnen uns als Außengewinde, wenn wir mit Wasserleitungen zu tun haben. Selbst wenn man nicht darauf eingerichtet ist und lieber die leichter zu handhabenden Kupferleitungen verlegen würde, muß man sich mit verzinkten Rohren nach Zoll und ihren R-Gewinden anfreunden, wenn ein innen verzinktes Gerät, etwa ein Boiler, anzuschließen ist. Eine Wasserzuleitung aus Kupfer zu einem verzinkten Gerät würde nämlich den elektrochemischen Vorgang der Elektrolyse auslösen, welcher die Verzinkung in kürzester Zeit abtragen würde.

Darüber hinaus nützt die Tabelle jenseits aller Gewindearbeiten zur Ermittlung von

Millimetermaßen handelsüblicher Zollrohre. Nicht nur Leitungs-, sondern auch Geländer- und Konstruktionsrohre werden in den Maßen der Zollreihe hergestellt und vertrieben.

In der Verbindungstechnik haben selbstgeschnittene Außengewinde eine weit geringere Bedeutung als die Innengewinde, von denen bisher fast ausschließlich die Rede war.

Wie schon kurz erwähnt, werden Außengewinde industriell sehr selten durch Schneiden, sondern im Bereich Befestigungsschrauben fast ausschließlich durch Rollen hergestellt.

Neben der kostengünstigen Herstellung und der technisch hohen Güte

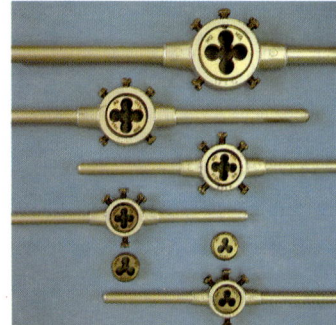

Abb. 9

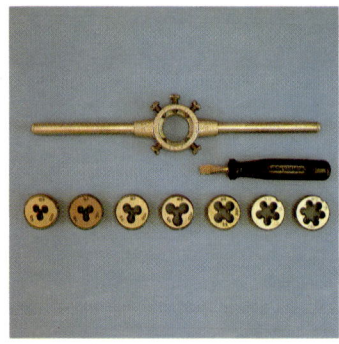

Abb. 10

(die Walzfaser des Materials wird nicht durchgeschnitten, sondern umgeformt) sind solche Gewinde sehr sauber und glatt.
Wird ein Außengewinde benötigt, dann ist in den meisten Fällen eine Schraube, ein Bolzen oder eine Gewindestange (handelsüblich 1 m lang, zum Selbstabsägen der gewünschten Länge) einzusetzen, so daß sich das Außengewindeschneiden erübrigt.
Trotzdem ist ohne Schneideisen und Schneideisenhalter ❾ nicht auszukommen. Sei es, daß ein beschädigtes Gewinde nachzuschneiden ist, um es wieder gangbar zu machen, oder daß eben doch ein gewünschtes Teil nicht zu kaufen ist, die Außenge-

Abb. 11

Abb. 12

winde-Schneidwerkzeuge helfen weiter.
Beim Einkauf kann man sparen. In ❾ sieht es so aus, als sei für fast jedes Schneideisen ein eigener Schneideisenhalter nötig, was natürlich ins Geld geht. Es gibt aber Gewindeschneidsätze ❿, bei denen eine ganze Reihe von Schneideisen gleichen Außendurchmessers zu haben ist, so daß innerhalb gewisser Grenzen für alle Gewinde nur ein Schneideisenhalter gekauft werden muß. Natürlich handelt es sich um eine Kompromißlösung. Für kleine Gewinde ist die Werkzeugzusammenstellung etwas klobig, bei den großen Schneideisen ist der Platz für Spannuten etwas knapp. Auf gute Funktion haben aber beide Unstimmigkeiten keinen negativen Einfluß, wenn man nur bemüht ist, wie bei Innengewinden die entstehenden Späne zu brechen und sie sorgfältig zu entfernen. Dabei ist Preßluft oder ein Zahnstocher hilfreicher als die bei Bohrern anzuwendende Bürste.
Ein Beispiel für ein Außengewinde, das man wohl selbst schneiden muß, zeigen und   . Einem Bedienungshebel aus Rundstahl soll am Ende ein Griffknopf aus Bakelit aufgeschraubt werden. Die einzige Schwierigkeit dieser Arbeit besteht im richtigen Ansetzen des Schneideisens. Schmieren darf nicht vergessen werden – man sieht im Foto Öl mit Spänen am Material ablaufen.
Das Ansetzen des Schneideisens wird erleichtert durch konisches Anfeilen des Bolzens. Richtiger wäre – doch

dafür müßte eine Drehmaschine vorhanden sein –, den Bolzen auf die ganze Gewindelänge um 2 bis 3% dünner zu drehen. Gewindeschneiden wirft nämlich das Material auf, es wird dicker (bei Innengewinden das Kernloch enger, was bei der Bestimmung der Kernbohrer berücksichtigt ist). Diese Materialaufwerfung ist mit die Ursache dafür, daß selbst geschnittene Außengewinde oft unsauber und rauh sind. Ein trauriges Ergebnis schlecht angewandter Kraft ist ein in der Bohrung steckender abgebrochener Gewindebohrerstumpf. Hierfür gibt es Werkzeuge mit drei Nasen, die in die Spannuten gesteckt werden sollen, damit man den Stumpf herausdrehen kann. Ist der Stumpf nicht im Loch abgebrochen, sondern noch etwas vorstehend, kann man die Schneidenecke eines kleinen Meißels in einer Spannute ansetzen und durch vorsichtiges Klopfen mit dem Hammer versuchen, den Bohrer zur Drehung zu bewegen.
Erfolg ist erfahrungsgemäß möglich, wenn der Stumpf nicht allzu fest sitzt. Ausblasen der Spannuten mit Preßluft und Lockern von Spänen mit Nadeln, mit denen in den Nuten gestochert wird, können aber nichts nützen, wenn der Bohrer im Sackloch mit Schwung »auf Grund gesetzt« wurde und dabei abgebrochen ist. Zuletzt bleibt nichts übrig, als neben der Unglücksstelle – wenn konstruktiv möglich – ein neues Gewinde einzubringen.

Schrauben

Lösbare Verbindungen zwischen zwei Werkstücken bzw. Materialien stellt man durch Schrauben her. Während in der industriellen Frühzeit eine Schraube als Maschinenteil galt, das auf einfachen Drehmaschinen einzeln hergestellt werden mußte (Gewinde wurden sogar von Hand eingefeilt), ist jede Art von Schraube heute ein billiger Massenartikel. Schon früh wurde für Schraubenköpfe und Muttern die Sechskantform gewählt, weil sie gegenüber dem Vierkant auf kleinerem Raum mit dem Maulschlüssel (früher Gabelschlüssel genannt) gedreht werden kann. Der Vierkant kann ja nur um 90°, der Sechskant schon um 60° versetzt angepackt werden. Sitzt das Maul am Schlüssel schräg, dann verringert sich die Spanne noch, wenn man den Schlüssel nach jedem Ruck umdreht.

In der Automontage und -reparatur hat frühzeitig die Rätsche mit Stecknuß Eingang gefunden, wobei die Nuß innen meist einen Zwölfkant statt des Sechskants hat, was den Platzbedarf für das Hantieren mit dem Hebel weiter verringert.

Kurvengesteuerte Drehautomaten waren bald in der Lage, eine ganze Schraube ohne das Eingreifen der Bedienungsperson herzustellen – bis auf die Anfertigung des Sechskants. Deshalb wurden Schrauben aus gezogenem, recht maßhaltigem Sechskantstahl gefertigt, den man heute noch beziehen kann, obwohl er zu diesem Zweck

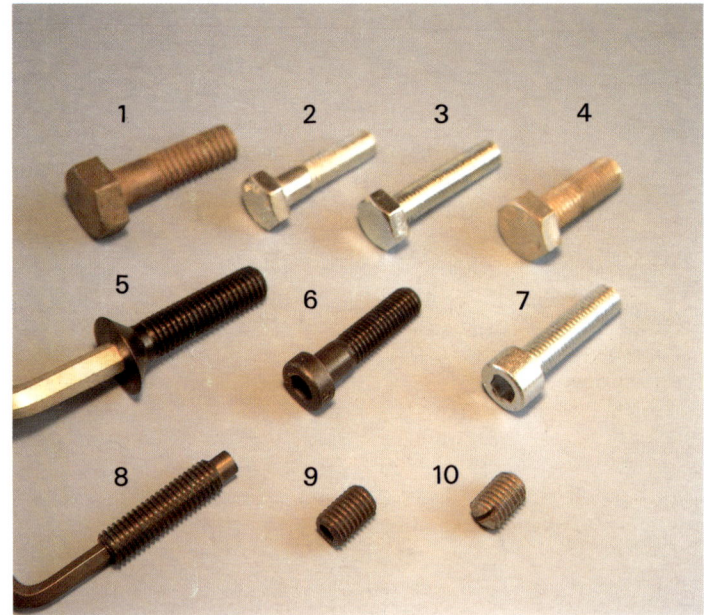

Abb. 1: gedrehte Maschinenschraube (1), gepreßte Maschinenschraube (2), gepreßte Stellschraube (Gewinde bis zum Kopf) (3), vergütete Maschinenschraube (4), Imbus-Senkschraube mit Schlüssel (5), Imbus-Zylinderschraube mit niedrigem Kopf (6), Imbus-Zylinderkopfschraube (7), Imbus-Gewindestift mit Schlüssel (8), Imbus-Gewindestift (9), Gewindestift mit Schlitz (10)

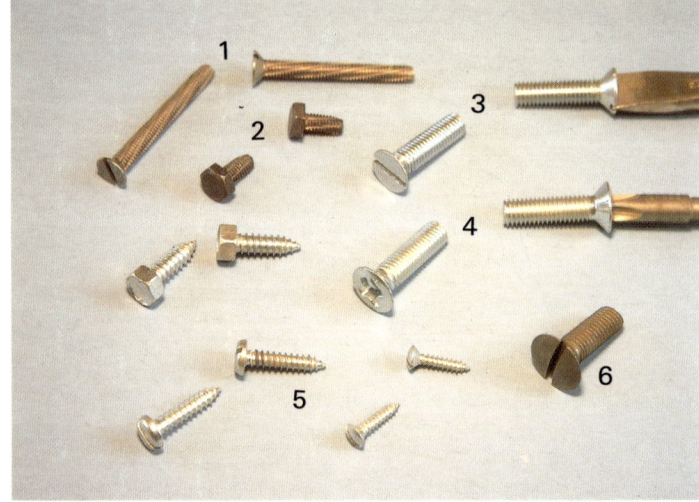

Abb. 2: selbstschneidende Senkschrauben (1), selbstschneidende Sechskantschrauben (2), Senkschrauben geschlitzt mit und ohne Schraubendreher (3), Kreuzschlitz-Linsenschrauben mit und ohne Bit (4), Blechschrauben (5), Linsensenkschraube mit Schlitz (6)

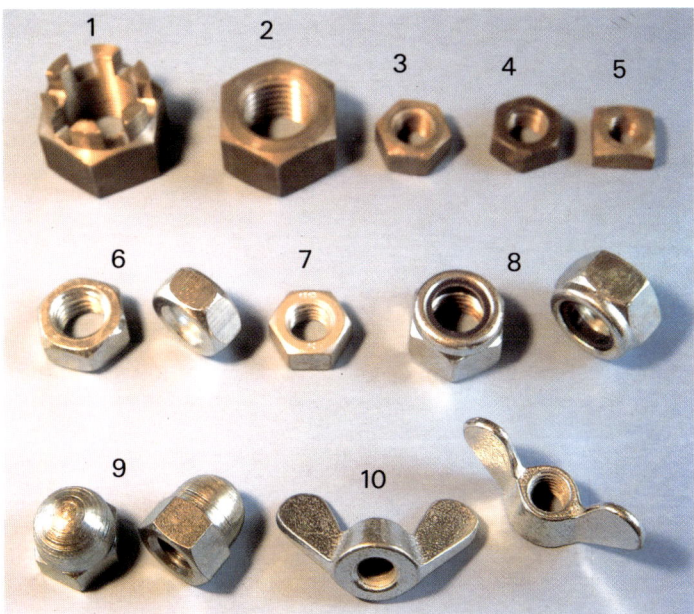

Abb. 3: Kronenmutter mit Splint (1), blank gedrehte Sechskantmutter (2), gepreßte Sechskantmutter, blank (3), gepreßte Sechskantmutter, schwarz (4), gepreßte Vierkantmutter (5), gepreßte Muttern (6), vergütete Sechskantmutter (7), Sicherungsmuttern (8), Hutmuttern (9), Flügelmuttern (10)

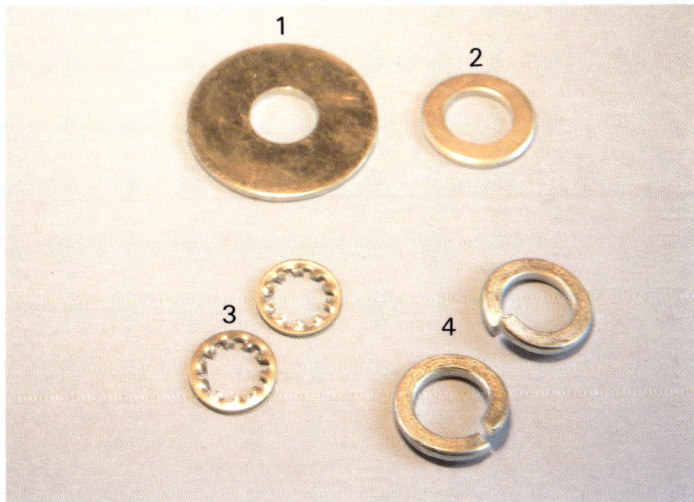

Abb. 4: Größenvergleich Karosseriescheibe (1), – Unterlegscheibe (2); federnde Zahnscheibe (3), Federringe (4)

kaum noch Verwendung findet. Die Herstellung von Schrauben und Muttern nach der beschriebenen Methode hat nämlich den Nachteil, daß Material, das sich rationell und werkzeugschonend drehen läßt, für hochbeanspruchte Schrauben nicht fest, vor allem nicht zäh genug ist. Geschnittene Gewinde sind auch weniger fest, weil das Schneiden die Materialfaser unterbricht. Schon bald wurden Schrauben aus dazu geeignetem Material »vergütet« (wärmebehandelt) und damit ihre Festigkeit erhöht. Solche Schrauben tragen meist die Prägung »8 G«, die entsprechenden Muttern »6 G«. Heute werden die meisten Schrauben unter hohen Drücken kalt verformt, die Gewinde spanlos gerollt. Dabei sind kostensparend Formgebungen möglich, die mit anderen Methoden nicht zu erreichen sind. Schrauben für den Fahrzeugbau haben zunehmend hohle Köpfe, zur Gewichts- und Materialersparnis wird in die Kopffläche eine tiefe Delle gedrückt. Außer dem Schraubenantrieb über den Sechskant hat sich im Maschinen- und vor allem im Werkzeugbau die Imbusschraube bewährt, die über einen Innensechskant mit einem Steckschlüssel (Imbusschlüssel) festgezogen wird. Hauptvorteil ist, daß sich der Zylinderkopf der Imbusschraube auf kleinem Raum versenken läßt, wo vorstehende Schraubenköpfe stören würden.
Herkömmlich werden zu versenkende Schrauben mit 90° kegelförmigem Kopf verwen-

det, meist mit Schlitz für Antrieb durch Schraubendreher (früher Schraubenzieher). Damit sind große Kräfte nicht zu übertragen, und Flachkopf-Imbusschrauben haben wegen der ungünstigeren Kopfform nicht die gleiche Festigkeit wie die versenkte Imbus-Zylinderschraube.

Schlitze in Schraubenköpfen werden teuer gefräst und sind zum Antrieb durch elektrische Schrauber wenig geeignet. Die Möglichkeiten der kalten Verformung haben auch hier zu einer Verbesserung geführt. In die Schraubenköpfe werden sternförmige Vertiefungen eingedrückt, die das Antriebswerkzeug (Bit) zentrieren, wodurch größere Antriebskräfte übertragen werden können.

Auch Blechschrauben, harte Schrauben mit groben, spitzen Gewindegängen, haben meist diese Antriebsart. Sie finden vorwiegend im Fahrzeugbau Verwendung, wo die zu erreichende Festigkeit es erlaubt, denn sie schaffen sich ihr Mutterngewinde selbst – einen Gang tief in Blech.

Etwas fester, aber kaum noch gebräuchlich sind selbstschneidende Schrauben. Sie haben Spannuten fast wie Gewindebohrer und können in nicht zu hartes Material in etwas großzügig bemessene Kernbohrungen maschinell eingedreht werden, wobei sie sich ihr Gewinde selbst schneiden. Eine solche Verbindung ist nicht für mehrmaliges Lösen und Verschrauben geeignet. Einkauf und Verwendung genormter metrischer Schrau-

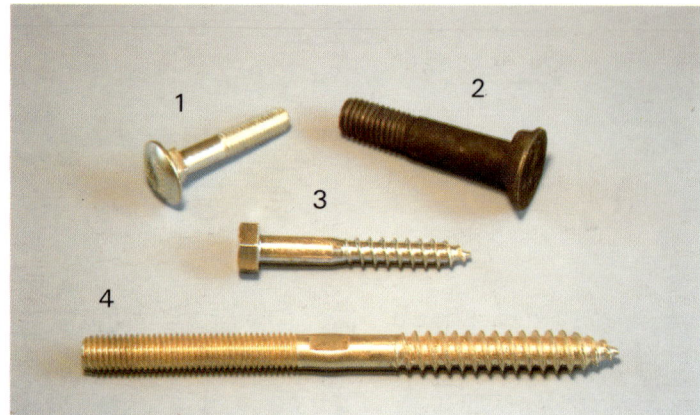

Abb. 5: Schloßschraube (1), Nasensenkschraube (2), Schlüsselschraube (3), Stockschraube (4)

ben, Muttern und Bolzen sind problemlos. Es gibt umfangreiche Listen der lieferbaren Formen, Größen und Qualitäten. Viele Abmessungen können außer in Stahl auch in Messing, einige auch in Aluminiumlegierung bezogen werden. Unser Problem liegt eher im sehr geringen Bedarf begründet, denn eine Handelsfirma wird sich wohl kaum dazu verstehen, von einer nicht am Lager vorrätigen Abmessung gerade mal 100 Stück zu bestellen, von noch geringerem Bedarf ganz abgesehen. Da hilft nur, aus dem Ungeeigneten das noch am ehesten Geeignete zu wählen und sich dann mit Änderungen zu behelfen.

Der Umgang mit genormten Schrauben stellt besonders an das Schlüsselsortiment geringe Ansprüche. Seit vor etwa 30 Jahren die Schlüsselweiten 9 für M 5 auf 8 und für M 8 von 14 auf 13 mm umgestellt wurden, hat sich auf diesem Gebiet nichts mehr verändert. So könnte man mit Schlüsselsätzen der Mutternreihe . . .10/13,

13/17, 17/19 . . . auskommen. Abweichend davon sind Teile der Preßluftfittings, die nach wie vor für Schlüsselweite 14 gefertigt werden. Ungerade Zwischengrößen gab es schon immer am Fahrrad, und in jüngster Zeit sind auch andere Fahrzeuge damit ausgestattet. Deshalb ist die Anschaffung wenigstens zweier kompletter Schlüsselsätze nicht zu umgehen. Zwei müssen es deshalb sein, weil oftmals beim Anziehen einer Mutter mit der gleichen Schlüsselweite der Schraubenkopf gegengehalten werden muß. Der Bedarf entsteht auch, wenn zwei Muttern zur Sicherung gekontert aufeinandergeschraubt werden sollen. Zweckmäßig kann einer der beiden Schlüsselsätze aus kombinierten Maul/Ringschlüsseln bestehen. Ringschlüssel erlauben die Übertragung größerer Kräfte und sind oft die letzte Rettung, wenn eine festsitzende Schraube oder Mutter mit abgenützten Ecken gelöst werden muß.

Lassen sich Schrauben nicht herausdrehen, weil sie festgerostet sind, dann besteht die Gefahr, daß man die Köpfe abreißt. In diesem Fall können spezielle Sprühmittel helfen (zum Beispiel »Caramba«), die chemische Rostumwandler sind und gute Kriecheigenschaften haben, das heißt, die Flüssigkeit dringt nach und nach in die Gewindegänge ein. Geduld gehört mit zu diesem Verfahren, das Einsprühen muß wiederholt werden, und das Mittel braucht Zeit, um wirken zu können.

Das oft empfohlene Erwärmen (nicht glühend machen) der Schrauben mit dem Schweiß- oder Lötbrenner kann allenfalls bei sehr großen Schraubendurchmessern zum Erfolg führen. Man geht davon aus, daß die erwärmte Schraube sich ausdehnt und sich der Verbund zwischen Innen- und Außengewinde lockert, wenn sie wieder abkühlt.

Manchmal hilft aber auch ein kräftiger Hammerschlag auf den Schraubenkopf.

Nicht genormte Fahrzeugschrauben nachzubestellen, auch wenn kein Muster auf den Tisch gelegt werden kann, ist im allgemeinen nicht allzu schwierig. Die Schraube muß gemessen und beschrieben werden. Zuerst muß bestätigt oder ausgeschlossen werden, daß es sich um eine Zollschraube handelt. Dazu dient eine Gewindestei-

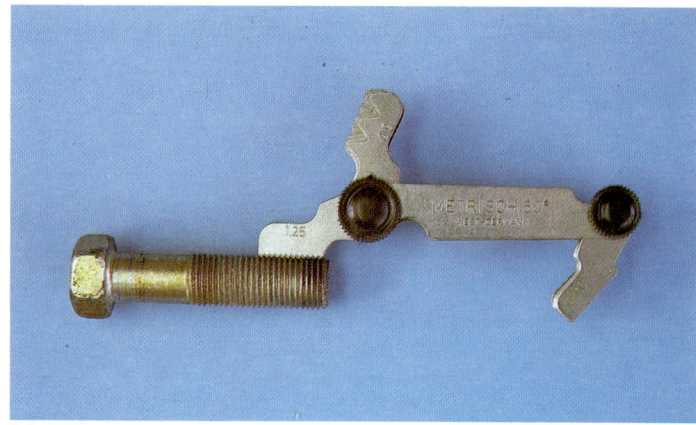

Abb. 6

gungslehre ❻, die auf der einen Seite Blättchen mit Zollsteigungen, auf der anderen solche mit metrischen Steigungen in Form von Zähnen hat. Man sucht das passende Blättchen aus und überprüft im Gegenlicht, ob die Zähne auch wirklich sauber in die Gewindegänge der Schraube passen.

Zur metrischen Steigung gehört ein metrischer Durchmesser, da darf man sich durch ein Meßergebnis von 11,8 mm nicht irremachen lassen. Die Schraube heißt trotz dieses Meßergebnisses: M 12 x 1,25.

Die Schraubenlänge wird stets von der Unterkante des Kopfes an, bei Sechskant- und Zylinderschrauben also ohne Kopf, gemessen. Flachkopfschrauben und Linsenkopfschrauben werden bis zum größten Kopfdurchmesser, also sozusagen mit dem ganzen oder mit dem halben Kopf, gemessen.

Wenn jetzt noch die Gewindelänge genannt und die Kopfform beschrieben, eventuell die Antriebsart (etwa Imbus) und die Schlüsselweite angegeben werden können, dann ist die Schraube so definiert, daß sie auch per Telefon oder schriftlich bestellt werden kann.

Zur Grobbestimmung empfiehlt sich der Vergleich mit einer etwa gleich großen Schraube, von der man weiß, daß sie metrisch und genormt ist ❼.

Abb. 7

Schweißen

Für alle Schweißungen an Konstruktionen aus Walzstählen ist das Lichtbogenschweißen seit 100 Jahren die Methode, die ohne Vorbereitungen eingesetzt werden kann, weil keine Gase benötigt werden und weil die Grundfertigkeiten leichter zu beherrschen sind, als vielfach angenommen wird. Auch die autogene Schweißtechnik ist in ihrer Anwendung so einfach, daß hier mehr Gewicht auf den sorgfältigen Umgang mit dem Gerät gelegt wird. Die kompakten Schutzgasschweißgeräte schließlich dienen heute zur unentbehrlichen Ergänzung der traditionellen Verfahren, vor allem, wenn es um Dünnblech, etwa an Fahrzeugkarosserien, geht.

Elektrisches Lichtbogenschweißen

Schweißen ist die Verbindung zweier gleicher Metalle durch Verschmelzen unter Wärmeeinwirkung. Zusatzstoffe (wie das Lot beim Löten) kommen dabei nicht zur Anwendung. Der Schweißstelle zugeführtes Material (meist in Form von Drähten) besteht stets aus dem gleichen Metall wie das Schweißgut.

Das elektrische Lichtbogenschweißen – schon vor knapp 100 Jahren erfunden – hat die Stahlbautechnik von Grund auf verändert. Erstmals war es möglich, elegante leichte Konstruktionen zu erstellen und das aufwendige Nieten nach und nach zu verdrängen.

Die Lichtbogenschweißung mit Elektroden funktioniert sowohl mit Gleichstrom als auch mit Wechselstrom. So ist es möglich, überall ohne großen Aufwand, schon mit kleinen, einfach aufgebauten Apparaten (Schweißtransformatoren) ❶, Schweißnähte herzustellen, die keine Wünsche offenlassen.

Der wichtigste Vorteil dieser Technik ist, daß die zum Schweißen erforderliche Hitze sofort und räumlich sehr begrenzt zur Verfügung steht.

Schweißen mit der Flamme oder im Schmiedefeuer bedingt Wartezeiten, bis das Werkstück auf die Schweißtemperatur aufgeheizt ist; infolge der guten Wärmeleitfähigkeit der Metalle erhitzt sich das Werkstück unerwünscht großflächig, was

Abb. 1

besonders bei dickwandigen Materialien lange Heizzeiten mit hohen Kosten erfordert. Die weiträumige Erhitzung führt auch zum Verzug der Werkstücke und zu unerwünschten Gefügeveränderungen des Materials.

Beim elektrischen Lichtbogenschweißen, im Sprachgebrauch des Handwerks kurz Elektroschweißen genannt, entsteht die Wärme so schnell, daß das Material nur in unmittelbarer Nähe der Schweißstelle zum Glühen kommt. Erst nach Beendigung des Schweißvorgangs verteilt sich die Restwärme weiter. Geschweißte Stücke sind – fern der Schweißstelle – während des Schweißvorgangs kalt, und erst einige Zeit später ist die

Hitze einigermaßen gleichmäßig im ganzen Werkstück verteilt, weshalb vor unbedachtem Anfassen gewarnt werden muß.

Die Anordnung ist sehr einfach. Der Schweißtransformator liefert hohe Ströme von etwa 50 bis zu mehreren 100 Ampère, wobei die Spannung nicht über 70 Volt ansteigen darf. Diese Spannung ist nicht gefährlich, trotzdem muß man mit Handschuhen arbeiten und den Elektrodenwechsel stets mit Handschuhen ausführen, um elektrische Schläge zu vermeiden. Außerdem schützen Handschuhe bis zu einem gewissen Maße davor, sich an unvermutet heißen Zonen des Materials zu verbrennen. Die Spannung des Transfor-

Abb. 2

mators wird über zwei Kabel mit hohem Querschnitt zum Werkstück gebracht. Das »Massekabel« hat am Ende eine Klemme, eine Zwinge oder einen Magneten, womit der Kontakt zum Werkstück hergestellt wird. Diese Verbindung muß hohe Ströme bis zur vollen Leistung des Trafos übertragen. Rost oder Farbe am Werkstück wirken isolierend, man muß sie entfernen oder zum Anklemmen eine saubere Stelle wählen. Die Entfernung zur Schweißstelle spielt keine Rolle. Der elektrische Netzanschluß des Schweißtransformators ist für Einphasenbetrieb mit 220 Volt oder für Zweiphasenbetrieb mit 380 Volt ausgelegt. Die Leistung unserer 220 Volt Stromkreise – Schukosteckdose mit 16 A (träge) abgesichert – reicht gerade zum Schweißen mit für die meisten Zwecke ausreichenden 2,5-mm Elektroden. Sehr kleine, leichte Apparate sind ausschließlich für diese Anschlußart ausgelegt. Zur Begrenzung der Stromaufnahme und für ein leichteres Zünden sind Schweißtransformatoren mit Kompensationskondensatoren ausgestattet.

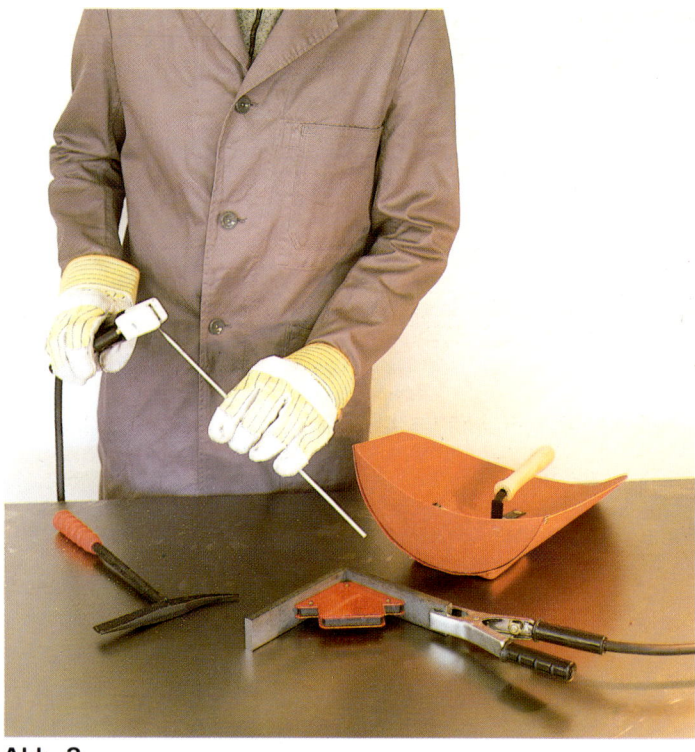

Abb. 3

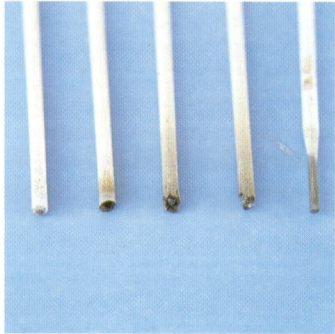

Abb. 4

Abb. 5

Der Betrieb mit 380 Volt an der Drehstromsteckdose erweitert nicht nur den zur Verfügung stehenden Strombereich, er verbessert auch die Charakteristik des Geräts. 380-Volt-Geräte zünden meist viel besser und bringen einen stabileren Lichtbogen. Große Geräte, deren Schalt-

stufen über 120 Ampère hinausreichen, können nur mit Drehstrom betrieben werden. Man sollte diese Betriebsart wählen, wo es möglich ist. Viele Geräte bieten die Möglichkeit, im Bedarfsfall (Montage) auf 220 Volt umzuschalten oder umzustecken ❷. Wie knapp das 220-Volt-

Abb. 6

Stromangebot ist, kann man feststellen, wenn man nicht im Industriegebiet, sondern in einer dörflichen Siedlung schweißt: Vormittags, zur Zeit, wo viele Kochherde eingeschaltet sind, muß man den Trafo eine bis zwei Stufen höher einstellen für Arbeiten, die sich sonst auf niedrigerer Schaltstufe ausführen lassen!

Am Ende des Schweißkabels ist der Elektrodenhalter angeschlossen. Er hat einen isolierten Handgriff und zur Aufnahme der Elektrode eine Art Zange, die mit Federkraft geschlossen und mit einem Handhebel zum Elektrodenwechsel geöffnet wird ❸.

Bei ungebrauchten Elektroden ist die Umhüllung rundherum angeschliffen ❹ (1. von links), um das Zünden zu erleichtern. Schon gebrauchte Elektroden haben eine tiefer ausgebrannten Kern, die Umhüllung steht vor ❹ (2. von links). Bei Elektroden, die sich beim Zündversuch angeklebt haben und abgerissen wurden, ist die Umhüllung beschädigt, es sind mehr oder weniger große Stückchen ausgebrochen ❹ (3. und 4. von links). Am Einspannende der Elek-

trode ist die Umhüllung auf eine zum Einspannen ausreichende Länge abgeschliffen ❹ (rechts).

Das Zünden geschieht durch Auftupfen auf die Schweißstelle, wodurch ein Kurzschluß entsteht, dem der Schweißtransformator jedoch gewachsen ist. Das Abheben der Elektrode muß schnell geschehen. Dabei muß sich der Lichtbogen bilden. Daß sich dieser problemlos erzeugen läßt, setzt wie schon erwähnt, einen guten Schweißtransformator voraus und hängt auch von der Beschaffenheit der Elektrodenumhüllung ab.

Es ist klar, daß die beiden zu verschweißenden Werkstücke zusammengespannt oder auf den Schweißtisch geklemmt werden müssen (es sei denn, sie sind schwer genug), damit sie beim – blinden – Antupfen nicht ihre Lage verändern.

Blind muß angetupft werden, weil beim elektrischen Schweißen ja der Schutzschild vors Gesicht gehalten wird. Solange noch kein Lichtbogen brennt, ist durch das dunkle Schutzglas nichts zu sehen. Ohne Schild ist wiederum nichts zu erkennen, wenn der Lichtbogen die Schweißstelle beleuchtet. Das ist gut so, denn das helle Licht, auch vom bloßen Blitzen beim Zünden, ist für die Augen außerordentlich schädlich. Eine Brille würde nicht genügend schützen, denn nicht nur die Augen, auch die Haut erträgt das Licht des Lichtbogens nicht. Seine hoher UV-Anteil führt auf der ungeschützten Haut zu schweren, dem Sonnen-

brand ähnlichen Verbrennungen. Deshalb sind die Hände mit Handschuhen, der Körper einschließlich der Halspartie mit geeigneter Kleidung und das Gesicht mit dem vorgehaltenen Schild zu schützen.

Häufigeres »Verblitzen« – unbeabsichtigtes Schauen auf den Zündblitz – muß nicht sofort Auswirkungen auf die Augen haben. Es tritt jedoch oft nach Stunden eine Bindehautentzündung auf, die man nicht auf die leichte Schulter nehmen, sondern ärztlich behandeln lassen sollte. Man muß also lernen, mit der Elektrode auf die Schweißstelle zu zielen, den Schild vorzuhalten und dann zu tupfen. Bei Erfolg entsteht der Lichtbogen, die Schweißung beginnt.

Vom letzten Schweißvorgang noch warme Elektroden zünden leichter als kalte. Will eine Elektrode nicht zünden, kann man durch Streichen die Umhüllung abtragen und durch entstehende Funken (ein richtiger Lichtbogen entsteht so nicht) die Elektrode etwas anwärmen. Der geübte Schweißer unterläßt das, weil die Funkenbildung auf dem Material unschöne Spuren hinterläßt ❺.

Zu langsames Abheben der Elektrode nach dem durch Tupfen erzeugten Kurzschluß führt dazu, daß am Anfang der Naht ein hoher Knollen entsteht, weil dem Elektrodenmaterial Zeit gelassen wurde, auszufließen ❻.

Die richtige Elektrodenhaltung wurde schon beim Zielen eingenommen, es ist Übung, sie während der Schweißung beizubehalten.

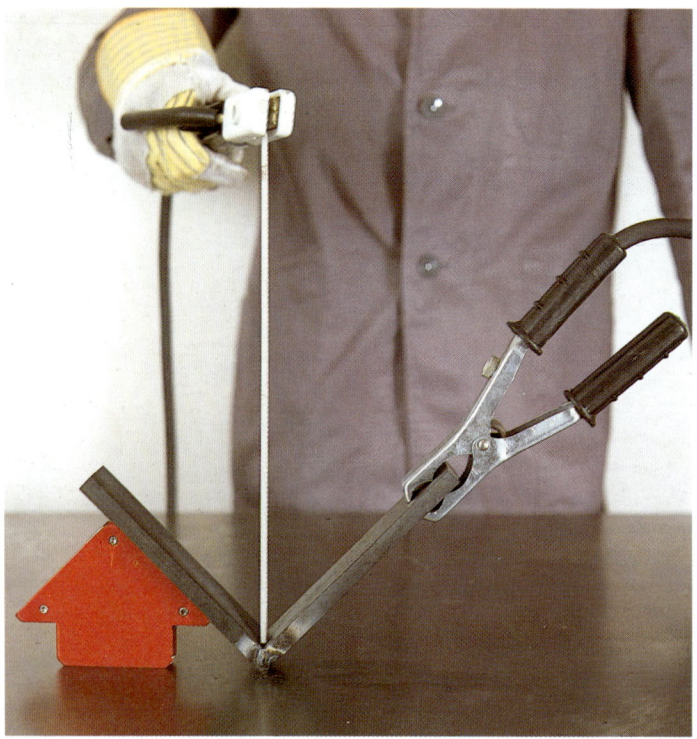

Abb. 7

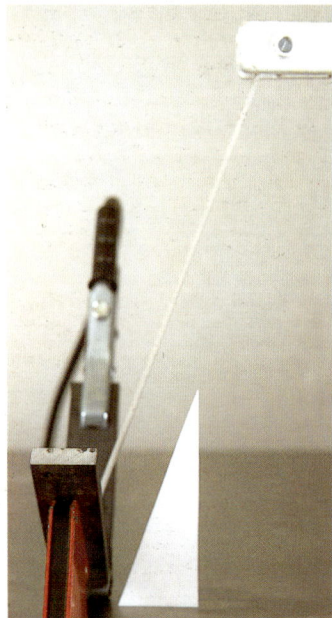

Abb. 8

etwa dem Elektrodendurchmesser entsprechen. Bei nicht zu dünn umhüllten Elektroden bedeutet das, daß die Elektrodenummantelung auf dem Werkstück aufliegen kann, was natürlich eine große Arbeitserleichterung ist. Man hat ja – bevor man eigene Erfahrungen gemacht hat – die Vorstellung, dieses Schweißen müsse schwierig sein, weil die Elektrode schwebend, aber ohne Zittern in immer gleichem Abstand über die jeweilige Schweißstelle zu führen ist. Allerdings darf das Auflegen der Elektrode nicht dazu verleiten, sie zu stark geneigt zu halten. Dabei wird dann die Wirkung des Lichtbogens zu wenig ausgenützt. Das gleiche passiert, wenn die Elektrode zu weit abgehoben wird und der Lichtbogen zu lang gerät. Die Folge beider Fehler ist ein ungenügender Einbrand, die Schweißraupe verbindet sich nicht in genügender Tiefe mit dem Werkstück.

Es kann auch notwendig sein, die Haltung noch während des Schweißens zu korrigieren, wenn man durchs Schutzglas sieht, daß der Lichtbogen einseitig brennt.

In der Kehlnaht halbiert die Elektrode den Winkel, den das Schweißgut bildet ❼. In Schweißrichtung ist die Elektrode etwa 70° geneigt ❽. Wir haben einen 70°-Winkel angebracht, um das zu verdeutlichen. Man sieht, daß in dieser Stellung der Elektrodenhalter waagerecht steht, weil die Kerbe in seinem Klemmstück im 70°-Winkel angebracht ist. Das macht es leichter, die Stellung richtig zu beurteilen.

Bei zu steiler Haltung der Elektrode bläst der Lichtbogen Schlacke in die Schweißstelle. Sie wird dadurch verunreinigt; nach dem Schweißen ist die Schlacke nur schwer und vor allem nicht restlos abzuklopfen.

Die Lichtbogenlänge soll

Abb. 9

Abb. 10

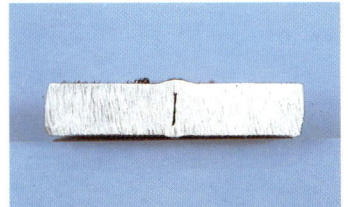

Abb. 11

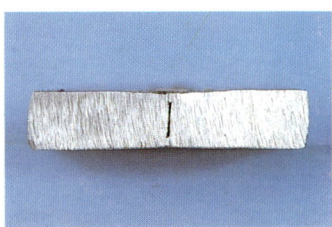

Abb. 12

Beim Schweißen der Kehlnaht passiert es nämlich bei allem guten Willen immer wieder, daß sich die Schweißraupe nur mit einer der beiden Flächen verbindet ❾. Die andere Fläche ist dann zu kalt geblieben. Eine solche Naht hält natürlich nichts, die Teile fallen auseinander. Hauptursache ist, daß die Elektrode im falschen Winkel gehalten wurde. Leider ist der Fehler nicht auf den ersten Blick erkennbar, er wird durch Schlacke verdeckt. Man kann gleich bei Beginn der Schweißung die Elektrode kurz der einen, dann der anderen Fläche zuneigen und beobachten, wie der Lichtbogen seitlich weggeblasen wird. Mit möglichst symmetrischem Bild führt man die Schweißung dann zu Ende.

Sehr hilfreich ist – und bei kleinen Teilen geht das–, die Schweißstelle in »Wannenlage« ❼, ❾ zu bringen. Mit zu geringer Stromstärke ist die Kehlnaht jedoch mit Sicherheit nicht beidseitig genügend zu erhitzen.

Angaben über die hier erforderliche Stromstärke – 120 Ampère bei 2,5-mm-Elektroden – können nur ungenau sein, da die tatsächlich wirksame Stromstärke von der Beschaffenheit des

Schweißtransformators und von der augenblicklich eingehenden Netzspannung abhängt. Die Stromstärke ist jedenfalls zu hoch, wenn die Elektrode zu glühen beginnt. In Lehrbüchern wird großer Wert auf die Ausbildung, die Form der Schweißnähte gelegt. Professionelles Schweißen bezieht ja den Umgang mit großen Materialdicken und -querschnitten mit ein. Es ist einleuchtend, daß das Zusammenschweißen zweier 40 mm dicker Schiffsbaublche auf mehreren Metern Länge ein Bauteil ergeben muß, das riesigen Kräften standzuhalten hat. Es ist klar, daß solche Nähte von Ingenieuren berechnet und die Materialvorbereitung ebenso genau vorgeschrieben wird wie die Stärke der Wurzel- und der Decknähte, womit zugleich gesagt ist, daß die Naht dreimal geschweißt werden muß.

Solche Vorschriften betreffen Stumpfnähte. Eine Stumpfnaht entsteht, wenn zwei in gleicher Ebene liegende Flächen aneinandergeschweißt werden müssen ❿, ⓫ ⓬. Wir haben zuerst festzulegen, ob die Naht auf der Fläche nach dem Schweißen abgeschliffen werden muß oder stehenbleiben kann. Muß sie abgeschliffen werden, dann darf sie nicht

oberflächlich aufliegen, denn nach dem Abschleifen wäre fast nichts mehr von der Raupe übrig, und die Teile wären mit geringem Kraftaufwand wieder zu trennen. Deshalb ist in einem solchen Fall eine I- oder eine V-Naht zu machen.

Die I-Naht entsteht dadurch, daß zwischen den zu verbindenden Teilen eine Fuge gelassen wird ❿ (hier etwa 0,5 mm breit), die von der Schweißmasse ausgefüllt wird, wobei die Werkstücke fest verbunden werden ⓫. Nach dem Abschleifen der Raupe ist allerdings hier der Nahtquerschnitt gering ⓬. Die V-Naht ist bei scharfkantigem Material anzuwenden. Für sie müssen die zu verschweißenden Teile angeschrägt werden ⓭. Da kann allerdings der Materialfluß aus der 2,5-mm-Elektrode zu gering sein, um den V-Aus-

Abb. 13

Abb. 14

Abb. 15

Abb. 17

schnitt ganz aufzufüllen. Wird Wert darauf gelegt, daß nach dem Abschleifen eine geschlossene Fläche vorhanden ist, empfiehlt es sich, eine zweite Schweißung über die erste zu legen.

Zu den Dingen, auf die man achten muß, gehört, daß Schweißnähte beim Abkühlen schrumpfen. Die verschweißten Teile werden beim Erkalten zusammengezogen. Verhindern kann man das nicht, jedoch Vorsorge treffen.

Das Schweißen eines Winkels beginnt mit dem Festlegen der beiden Teile. Ein Magnethalter ⑭ oder ein mit Zwingen in den Winkel gespannter Klotz ⑮ sind zwei probate Mittel.

Bereits bei dieser Vorbereitung muß der Winkel, der nach Fertigstellung 90° haben soll, größer als 90° angelegt werden. Das kann durch beigelegte Blechstreifen ⑭ (links im Bild), ⑮ (rechts im Bild) – hier 0,5mm dick – angestrebt werden. Die zuletzt an diesem Winkel zu schweißende Kehlnaht wird nämlich stark ziehen und ihn auf 90° bringen – wenigstens annähernd. Wieviel größer als

Abb. 16

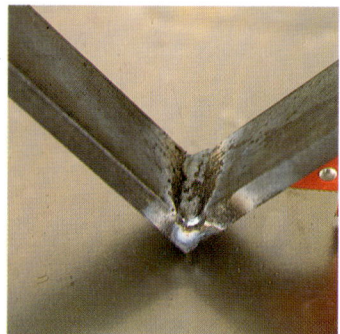

Abb. 18

90° der Winkel vorbereitet wird, ist Erfahrungssache. Nach dem Heften an den Kanten und Schweißen der äußeren V-Naht ⑯ sah unser Winkel so ⑰ aus. Fertig geschweißt ⑱, hatte er sich der gewünschten Rechtwinkligkeit sehr angenähert und konnte ohne großen Aufwand vollends auf 90° gerichtet werden ⑲. Wenn ein Winkel zu sehr zugezogen wurde, ist er natürlich ebenfalls zu richten ⑳, jedoch geht das mit unseren Mitteln nur bei nicht allzu stabilen Materialien. Besonders heftig verzieht sich eine aufzuschweißende Stütze, deren Auflagefläche nicht winklig, sondern vom Walzen her abgerundet und leicht schräg ist. Hier zahlt

Abb. 19

sich eine aufwendigere Vorbereitung aus, wobei man die Teile mit Zwingen fixiert. Diese dürfen erst gelöst werden, wenn sich die erste Schweißnaht abgekühlt hat. Wo wegen der kleinen Abmessungen der Teile oder aus anderen Gründen kein stabiles Zusammenspannen

Abb. 20

Abb. 23

Abb. 21

Abb. 22

Abb. 24

Abb. 25

möglich ist, muß vor dem durchgehenden Schweißen geheftet werden ㉑ . Die kurze Heftnaht zieht nach der einen Seite ㉒, die erste Vollnaht (links) kann nicht sehr ziehen, und das folgende Durchschweißen über der Heftung (rechts) ㉓ ändert am zufriedenstellenden Er-

gebnis nichts mehr ㉔.
Ganze Rahmen aus Material mit wenigstens 4 mm Wandstärke sind vorteilhaft mit Elektroden zu schweißen, während dünnwandige Rohre leichter unter Schutzgas zu verbinden sind.
Eine Gehrung (siehe Kapitel »Sägen«) ist nicht die beste

Möglichkeit, die Enden, zum Beispiel von Winkelstählen, zur Schweißung vorzubereiten. Die Verbindung nach ㉕, ㉖ enthält zwei Kehlnähte, die viel mehr halten als I-Nähte. V-Nähte sind – außer wenn das Material stärker ist als 6 mm – schwieriger zu schweißen.

Abb. 26

Abb. 29

Abb. 30

Abb. 27

Abb. 28

Abb. 31

Eine Gehrung läßt sich innen nicht in ganzer Tiefe verputzen, ㉗ bei der Verbindung nach ㉕ kommt man mit dem Einhandschleifer besser zurecht. Die äußeren Spitzen der Gehrung brennen ab, was nicht immer toleriert werden kann ㉘.
Das Ausklinken von Winkeln auf der Kreissäge muß mit Bedacht geschehen. Die Kreissäge ist ja »einseitig« aufgebaut, links, wo der Schraubstock angebracht ist, braucht man immer ein langes Stück zum Spannen.
Das Winkeleisen läßt sich zu Ausklinkschnitten nicht umdrehen, nur in einer Richtung kann der senkrecht stehende Winkelschenkel getrennt werden ㉙, ohne daß die Säge in den waagerecht liegenden Teil eindringt ㉚. Es muß also die Reihenfolge eingehalten werden: 1. Ausklinkschnitt ㉛, 2. Ausklinkschnitt ㉜, Ablängschnitt ㉝. Die Festigkeit von Schwei-

Abb. 32

Abb. 33

Abb. 34

ßungen hängt nicht nur von der Qualität der Schweißnaht ab. Es ist, wie hier gezeigt, bei der Konstruktion zu überlegen, wo I-Nähte vermieden und Kehlnähte eingesetzt werden können. Eine gute Schweißnaht bricht im Falle des Falles meist nicht selbst, sondern es bricht infolge der Versprödung das Material neben der Naht. Selbst die räumlich begrenzte (dafür aber hohe) Erwärmung kann nicht ohne Gefügeveränderungen vor sich gehen. Öfter tragen Elektrodenverpackungen Hinweise auf Verschweißbarkeit »über Kopf« und »senkrecht«. Überkopfschweißen ist wörtlich zu verstehen, es ist, als befände sich die Schweißstelle an der Zimmerdecke. Nicht nur, daß

Abb. 35

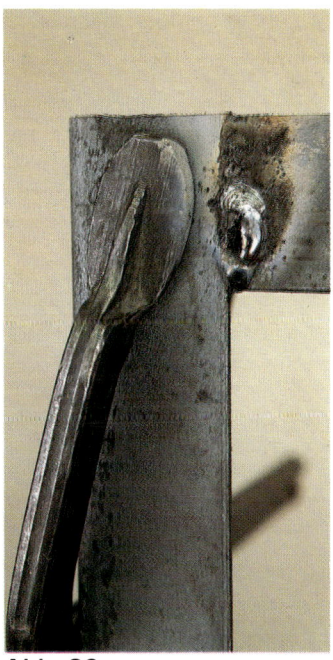

Abb. 36

diese Lage schweißtechnisch besondere Anforderungen stellt, sie ist auch in doppelter Hinsicht gefährlich, denn es geht natürlich ein keineswegs harmloser Funkenregen aus größeren Stahl- und Schlackentropfen zu Boden, die durchaus Unheil anrichten können. Jeder Schweißer bekommt seinen Teil davon ab und muß deshalb durch besondere Kleidung geschützt sein.

Senkrechte Nähte lassen sich nicht immer vermeiden. Die richtige Technik ist, sie von unten nach oben aufzubauen.

Wenn ein größeres Gestell zu schweißen ist – um nur ein Beispiel anzuführen –, sind senkrechte Nähte nicht immer zu umgehen. Wenn man Heftschweißungen vornimmt, die später, nach Umdrehen des inzwischen genügend stabilen Gestells in günstiger Lage haltbar überschweißt werden können, kann man vorteilhaft von oben nach unten schweißen. Die Elektrode wird dazu in ❸❹ eingespannt. Sie hindert die Schlacke und die Schweißmasse daran, nach unten zu fließen. Die Kehlnaht wird allerdings unbefriedigend »mager« ❸❺ und läßt sich auch im zweiten Anlauf nicht mehr verbessern ❸❻. Wie gesagt, zum Heften genügt das, und der Vorteil besteht in der sauberen Arbeitsweise – es fällt fast nichts zu Boden.

Autogenes Schweißen

Wenn man einem Werkstück aus Stahl eine Flamme nähert, die von einem Gemisch aus Azetylen und Sauerstoff gespeist wird, beginnt der Stahl zu glühen, erst rot, dann hellgelb, schließlich schmilzt er.

Azetylen und Sauerstoff werden aus Stahlflaschen entnommen ❶, die die Gase komprimiert enthalten (Azetylen bei ungefähr 15–20 bar, Sauerstoff bei ungefähr 150–200 bar). Mit der Flamme, früher auch Knallgasgebläse genannt, kann man, ohne jeden Zusatz (Flußmittel) und ohne das Material besonders vorbereitet zu haben, zum Beispiel zwei Blechkanten miteinander verschmelzen, verschweißen ❷. Das klappt sogar mit angerostetem Material, anders als beim Löten, wo das Material fettfrei und sauber sein muß, und ohne Flußmittel keine haltbare metallische Verbindung zustande kommt.

Das liegt am chemisch überaus komplizierten Verbrennungsvorgang. Obwohl die Schweißflamme nur aus dem hellen Kern und der Streuflamme zu bestehen scheint, hat sie in Wirklichkeit vier nach Temperatur und chemischer Zusammensetzung verschiedene Zonen ❸. Die wichtigste ist die Schweißzone; sie ist sauerstoffarm, enthält reduzierende Bestandteile und kann Oxyde (Rost) durch Entzug des Sauerstoffs zu Metall reduzieren. Aus dieser Eigenschaft des ei-

Abb. 1

gentlich »Gasschmelzschweißen« zu nennenden Verfahrens kommt die im Sprachgebrauch übliche Bezeichnung »autogenes« (das heißt »selbsttätiges«) Schweißen. Zu den erwähnten reduzierenden Bestandteilen der Schweißzone gehört auch Wasserstoffgas, das mit bestimmten Anteilen Sauerstoff ein hochexplosives Gemisch bildet. Die Wasserstoff-Sauerstoff-Mischung wird von alters her »Knallgas« genannt, daher die nicht mehr gebräuchliche Bezeichnung »Knallgasgebläse«.

Noch vor 40 Jahren erzeugten die meisten Anwender das Azetylengas selbst. Es entsteht, wenn Kalziumkarbid mit Wasser zusammengebracht wird. In jeder Werk-

Abb. 2

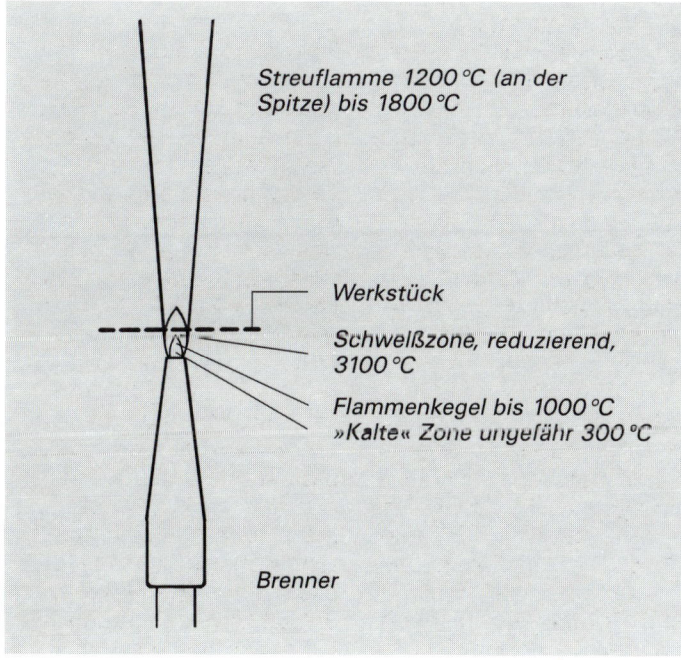

Streuflamme 1200 °C (an der Spitze) bis 1800 °C

Werkstück

Schweißzone, reduzierend, 3100 °C

Flammenkegel bis 1000 °C
»Kalte« Zone ungefähr 300 °C

Brenner

Abb. 3

statt stand ein Kessel, der Gasentwicklungsapparat, in dem die Vermischung von Karbid und Wasser ablief. Das erzeugte Gas strömte unter nicht viel höherem Druck als dem benötigten (etwa 0,5 bar) in ein Reduzierventil und wurde von dort entnommen. Trotz des geringen Arbeitsdrucks gab es gelegentlich Verpuffungen, sogar Explosionen. Außerdem war der Entwickler unhandlich und konnte nicht auf Montage mitgenommen werden. Heute wäre das Verfahren schon deshalb undenkbar, weil die giftigen Rückstände – verseuchtes Wasser und Karbidschlamm – ein großes Entsorgungsproblem darstellen.

Deshalb bezieht man Gas und Sauerstoff komprimiert in Stahlflaschen, die hohen Drücke werden durch an das Flaschenventil geschraubte Reduzierventile auf das für den Gebrauch erforderliche Maß vermindert.

In Stahlflaschen werden eine große Anzahl verschiedener Gase vertrieben, die zum Teil keineswegs zusammenkommen dürfen, die Flaschen müssen aus Sicherheitsgründen absolut unverwechselbar sein. Dazu ist die verschiedenfarbige Lackierung (zum Beispiel Azetylen gelb, Sauerstoff blau) nicht ausreichend. Jede Gasart und der dazugehörige Gasminderer haben ihren eigenen Anschluß: mal Rechtsgewinde, mal Linksgewinde, mal größer, mal kleiner im Durchmesser, mal gehört eine Überwurfmutter zur Flasche, mal zum Druckminderer. Regelrecht skurril sieht der An-

Abb. 4

schluß der Azetylenflasche
aus: Der Druckminderer wird
mit Spindel und Klammer auf
die Dichtung des Flaschen-
ausgangs gepreßt ❹.
Der Umgang mit den unter
hohem Druck stehenden
Flaschen hat unter allen
Umständen mit der nötigen
Sorgfalt zu geschehen. Alle
Manipulationen sind ausgeschlossen, die Vorschriften
sind einzuhalten, Flaschen
mit Beschädigungen oder
beschädigten Ventilen oder
auffälligen Erscheinungen
sind ungebraucht dem Liefe-
rer zurückzugeben. Im übrigen ist die dem Gerät beilie-
gende Gebrauchsanleitung
genauestens zu befolgen.
Dort ist die Handhabung der
Brenner beschrieben, deren
Einsetzen in den Brenner-
handgriff je nach Fabrikat
geringfügig verschieden ist.
Die Flaschen müssen zum
Gebrauch an der Wand befestigt werden (mit Ketten)
oder für Montagezwecke in
einem standfesten Wagen
stehen ❶, damit sie nicht
umfallen können.
Als erstes wird die Schutz-
kappe abgeschraubt ❶. Die
Gewinde dieser Kappen sind
meist rostig, gehen schlecht
und kreischen beim Schrau-

Abb. 5

ben. Sie dürfen keinesfalls
mit Fett oder Öl versehen
werden, das würde zu einer
Explosion führen!
Jetzt können die Druckmin-
derventile angeschlossen
werden, an der Sauerstoff-
flasche mit einem 32-mm-
Maulschlüssel ❺, an der
Gasflasche von Hand mit der
schon erwähnten Klammer
❹. Die Dichtungen an der
Gasflasche ❻ (links) und am
Sauerstoffdruckminderer ❻
(rechts) müssen in gutem
Zustand sein.
Die Schläuche (rot für Gas,
blau für Sauerstoff) haben
aus oben erwähnten Grün-
den wieder verschiedene Anschlüsse: ein größeres Linksgewinde für Gas, zur Überwurfmutter paßt die Schlüsselweite 19, ein kleineres

Abb. 6

Rechtsgewinde für Sauer-
stoff, Schlüsselweite 17 ❼.
Gleiche Gewinde am ande-
ren Ende der Schläuche dienen zum Anschluß an den
Brennerhandgriff ⓳.
Wenn man geprüft hat, ob
die Absperrventile der beiden
Druckminderer geschlossen
sind ❽, können die Flaschen-

Abb. 7

Abb. 8

Abb. 9

ventile – langsam – aufgedreht werden. Es tut besonders dem bis 200 bar belastbaren Sauerstoffmanometer nicht gut, wenn es schlagartig dem vollen Druck aus der Flasche ausgesetzt wird. Richtig ist, das Flaschenventil so langsam zu öffnen, daß der allmähliche Druckanstieg am Manometer zu verfolgen ist. Sind die Flaschenventile sehr fest zugedreht (in der Regel ist das so), kann man mit dem 32-mm-Maulschlüssel gegenhalten, dazu befindet sich am Flaschenventil ein Vierkant.

Nach dem Öffnen der Flaschenventile zeigen die linken Manometer den hohen Flaschendruck an.

Jetzt ist zu prüfen, ob die Reduzierventile geschlossen sind ❾. Geschlossen sind sie, wenn ihre Knebel so weit heraus (nach links) gedreht sind, daß die Feder im Innern des Ventils entlastet ist – man spürt das.

Nun werden die Absperrventile der Druckminderer ganz geöffnet ❽. Die Ventile am Brennerhandgriff müssen geschlossen sein, dann kann man die Reduzierventile langsam durch Rechtsdrehen gegen den Federdruck öffnen ❾. Die rechten Manometer zeigen dann den Staudruck an.

Der Staudruck an der Gasarmatur soll 0,5 bar betragen, der Druck für die Sauerstoffarmatur ist gerätespezifisch. Sein Wert (zum Beispiel 2,5 bar) ist auf jedem Brennereinsatz eingeschlagen.

Wenn man jetzt die Brennerventile öffnet, strömen Gas und Sauerstoff aus. Die Zeiger der rechten Manometer werden etwas zurückgehen, denn was sie jetzt anzeigen, ist der Fließdruck. Man reguliert die Reduzierventile soweit nach, daß die zuvor als Staudruck eingestellten Werte als Fließdruck wieder erreicht werden.

Während dieses Einstellvorgangs ist für gute Belüftung des Raumes zu sorgen, wie übrigens während jeder Schweißarbeit. Mit Sauerstoff angereicherte Raumluft ist extrem verbrennungsfördernd, Azetylengas ist giftig. Die Ventile am Brennergriff sind also sofort wieder zu schließen, sobald der Einstellvorgang beendet ist.

Abb. 10

Nun setzt man die Schweißbrille auf. Vorteilhaft sind Modelle, bei denen sich die dunklen Gläser hochklappen lassen ❿. Zum Auf- und Absetzen der Brille braucht man nämlich beide Hände, da ist es oft hinderlich, wenn die eine Hand den Brenner hält. Zum Zünden des Brenners mit dem Gasanzünder öffnet man das Gasventil am Brennergriff ganz wenig, das Sauerstoffventil mehr.
Beim Anzünden muß sich natürlich die linke Hand außerhalb des Bereichs der zu erwartenden Stichflamme befinden.
Im allgemeinen wird die Flamme zuerst mit Gasüberschuß brennen ⓫, sie schwebt unstabil vor der Brennermündung.

Durch vorsichtiges Rechtsdrehen des Gasventils erreicht man eine stabile Flamme, allerdings eventuell mit Sauerstoffüberschuß, was an der spitzen Form des Flammkegels zu sehen ist ⓬. Zurücknehmen des Sauerstoffs führt zur richtigen Form des Flammkegels ⓭. Er wird allerdings – wie hier – beim ersten Versuch etwas kleiner als optimal sein. Man gibt etwas mehr Gas ⓮ und danach soviel Sauerstoff zu, daß der Kegel wieder die richtige Form hat ⓯. Man kann jetzt probieren, ob die Flamme noch mehr Gas annehmen würde ⓰ und wieder zur Idealstellung zurückkehren, wenn das wie hier nicht der Fall ist.
Jetzt ist der Brenner zum Schweißen genau richtig eingestellt.
Beim Abstellen des Brenners muß zuerst das Gasventil geschlossen werden – nicht erschrecken, das knallt in der Regel. Stellt man zuerst den Sauerstoff ab, brennt die Gasflamme leuchtend ⓱ und verrußt den ganzen Raum. Das Ablegen des Brenners in einen Ständer aus stabilem Draht ⓲ ist nicht ganz unproblematisch. Solange das

Feuer brennt, darf es keine Sekunde außer Kontrolle sein. Die Schweißflamme ist so heiß, daß sie Gegenstände in Brand setzt, die man gar nicht als feuergefährdet ansieht. Sicherer ist, in Pausen, zum Beispiel zum Umdrehen des Werkstücks, den Brenner immer zu löschen, das heißt, die Ventile am Brennergriff zu schließen. Das Schweißen selbst ist verblüffend einfach. Es muß der richtige Brennereinsatz gewählt werden. Das ist leicht, denn die jedem Brenner zugeordneten Materialstärken sind eingeschlagen. Zum Probieren eignet sich eine Faßschweißung ❷. Sie heißt so, weil sie in der Praxis angewendet wird, um die Bördelung eines Faßbodens mit dem Faßmantel zu verschweißen. Man kann dieser Schweißung an leichten runden Blechfässern ebenso wie an eckigen Tanks oder anderen Behältern begegnen. Wichtig ist, den Brenner nicht zu nahe an die Schweißstelle zu halten, weil sonst das Material Sauerstoff abbekommt und verbrennt. Man sieht das gleich daran, daß die Schweißung körnig und rauh wird und statt des er-

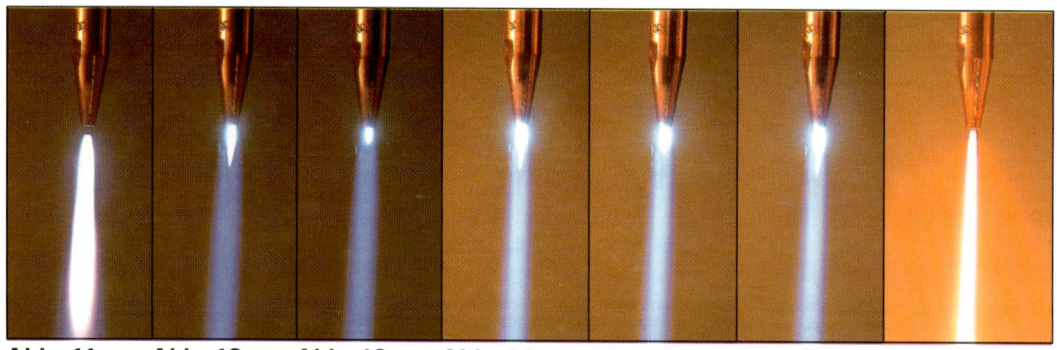

Abb. 11   **Abb. 12**   **Abb. 13**   **Abb. 14**   **Abb. 15**   **Abb. 16**   **Abb. 17**

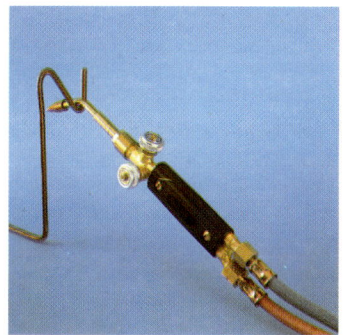

Abb. 18

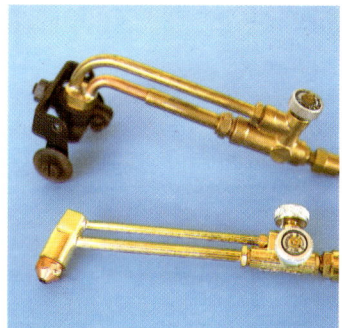

Abb. 19

wünschten metallischen Glanzes eine fast schwarze stumpfe Farbe annimmt. Dünnere Bleche als die im Foto (1,5 mm) müssen in Abständen von einigen Zentimetern geheftet werden, sie dehnen sich stark aus und streben auseinander. Das 1,5-mm-Blech kann ohne Heften geschweißt werden, nur darf die Klemme nicht allzuweit von der Schweißstelle entfernt sitzen. Diese Art Schweißung kann ohne jede Materialzufuhr ausgeführt werden, das Blech selbst liefert die Masse für die Schweißnaht, was auf dem Foto deutlich zu erkennen ist – die Schweißnaht liegt tiefer als die nicht verschweißten Blechkanten. Der Schweißdraht wird in Bereitschaft gehalten, er wird hochstens zum Auffüllen gebraucht, wenn durch zu langsamen Vorschub des Brenners ein Einbrand entstanden ist. Es wird hier ❷ nach links geschweißt (stets vom Schweißer aus gesehen). Die beiden Begriffe »Nachlinksschweißung« und »Nachrechtsschweißung« sind international gebräuchlich. Bei der Nachlinksschwei-

ßung folgt der Brenner dem Schweißdraht, oder, wie hier, das abzuschmelzende Material befindet sich links vor der Flamme. Bei Verbindungsnähten an zwei Blechen (V-Naht, I-Naht) ergibt sich eine flache, feine Raupe. Nach rechts – wobei der Schweißdraht der Flamme folgt – werden in der Regel Rohrverbindungen geschweißt. Es entsteht dabei nämlich eine hohe, wulstige Raupe, die nicht besonders gut aussieht, aber aus Gründen der Festigkeit erwünscht ist. Vor allem an älteren Zentralheizungen kann man solche Raupen sehen. Der Schweißdraht – in der Länge von 1 m im Handel – ist ein gewöhnlicher weicher Stahldraht in verschiedenen Stärken. Er ist galvanisch verkupfert, was seine Fließeigenschaften verbessert und ihn eine Zeitlang vor dem Verrosten schützt. Seine Stärke sollte etwa gleich der Stärke des zu verschweißenden Materials gewählt werden. Viel zu dünne Drähte schmelzen zu schnell ab, was unwirtschaftlich ist, zu dicke Drähte lassen sich schlecht oder nicht mehr abschmelzen, wenn der Bren-

ner passend zur Materialstärke gewählt wurde und nicht viel größer. Die Anwendung der autogenen Schweißtechnik in Industrie und Handwerk ist stark zurückgegangen, seit das Schweißen dünner Bleche durch die Schutzgasschweißung schneller und problemloser möglich ist. Obwohl zum Schutzgasschweißen auch Flaschengas (Kohlendioxyd, Argon) erforderlich ist, wird im Kleinstbetrieb zu prüfen sein, ob es sich lohnt, einen Vorrat von Azetylen- und Sauerstoffflaschen anzulegen. Eigene Flaschen müssen zum Nachfüllen weggebracht werden, und die Handhabung des Transports und alle damit verbundenen Umstände – Gasflaschen müssen ja auch mal (an den Ventilen) repariert und dem TÜV zur Prüfung überlassen werden – sind ziemlich aufwendig. Leihflaschen, selten in sehr kleinen Größen erhältlich, kosten Miete, und es ist bei einem nur gelegentlichen Gebrauch fast die Regel, daß die Mietkosten den Gaspreis übersteigen. Dazu kommt, daß der Azetylenverbrauch viel geringer ist als der Sauerstoffbedarf. Selbst wenn man eine sehr große Sauerstofflasche zusammen mit einer viel kleineren Azetylenflasche verwendet, ist es reiner Zufall, wenn beide gleichzeitig leer werden. In einem Anwendungsbereich ist der autogene Schweißapparat durch nichts zu ersetzen – beim Warmmachen. Verbogene Winkel, Rohre oder andere Teile – zum Beispiel an landwirt-

Abb. 20

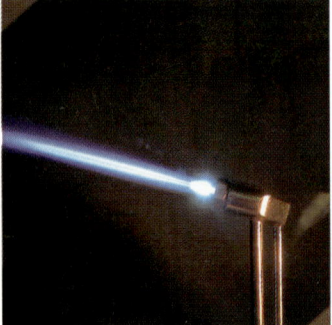

Abb. 21

schaftlichen Geräten – lassen sich nur in glühendem Zustand richten, wenn sie einigermaßen stabil sind. Da ist natürlich ein transportables Schweißgerät auf den (Flaschenwagen) unübertroffen handlich zur Erzeugung der nötigen Hitze am richtigen Ort.

Den autogenen Schweißapparat zum Schmieden einzusetzen ist naheliegend, jedoch nur im Hobbybereich. Richtige Schmiede schwören auf ihr Feuer, und wenn man schon einen Amboß und die umfangreiche Ausstattung einer Schmiede an Zangen und Gesenken in der Werkstatt hat, dann sollte auch ein Schmiedeherd oder wenigstens eine Feldschmiede ihren Platz finden.

Das Warmmachen – meist zum Biegen oder seinem Gegenteil, dem Richten – ist einfach. Man nimmt meist (außer zu Blecharbeiten) den größten Brennereinsatz und muß nur darauf achten, Abstand zum Werkstück zu halten, damit es nicht angeschmolzen oder womöglich gar verbrannt wird.

Richtarbeiten an Karosserie oder Fahrgestell von Kraftfahrzeugen selbst auszuführen kann nicht angeraten werden. Das Auto enthält zu viele feuergefährliche oder hitzeempfindliche Teile, ganz abgesehen von Kraftstofftank und -leitungen, die bei unsachgemäßer Arbeitsweise explodieren können.

Der Schneidbrenner **㉑** hat große Bedeutung zum Ausbrennen von Formen aus dicken Platten und in der Schrottwirtschaft.

Auf Schrottplätzen sind Geräte mit Propan als Heizgas im Einsatz, weil das deutlich billiger ist als Azetylen. Schweißen, also zusammenschmelzen kann man mit solchen Geräten nicht, weil die chemische Natur des Verbrennungsvorgangs in der Flamme das nicht zuläßt.

Das konstruktive Brennschneiden geschieht fast durchweg auf Maschinen. Präzise Brennerführung und mechanischer Vorschub mit genau einzustellender Geschwindigkeit machen es zum Beispiel möglich, die 45°-Abschrägungen an zu verschweißenden 40-mm-Schiffswänden mit Brennschneidemaschinen unerreicht schnell herzustellen. Weniger befriedigend sind die Ergebnisse mit dem je-

dem Autogenschweißapparat beigegebenen Schneidbrenner. Er muß freihändig geführt werden, wobei die Gleichmäßigkeit der Bewegung nicht nur durch die nachzuschleppenden Schläuche in Frage gestellt ist. Damit wenigstens der Abstand zum Werkstück konstant einzuhalten ist, haben die meisten Brenner ein Fahrwerk **⑲**.

Die Arbeitsweise ist so, daß mit Gas- und Heizsauerstoffventil die Flamme nach **⑳** reguliert wird. Der Flammenkegel muß stumpf, wie abgehackt aussehen. Öffnet man nun probeweise das Schneidsauerstoffventil, dann schießt eine dünne Stichflamme durch die Streuflamme **㉑**.

Mit der Flamme nach **⑳** wird das Material zum Glühen gebracht. Durch mehrfaches Probieren erfährt man den Zeitpunkt für den Schneidbeginn. Wenn man nämlich das Schneidsauerstoffventil – zusätzlich, ohne andere Ventile zu verstellen – öffnet, bläst die Stichflamme das Material in einem weißglühenden Tropfenregen zu Boden und brennt eine 3–5 mm breite Spur durch den Stahl. Klappt das nicht, dann war die Stelle nicht warm genug.

Ist das Schneiden einmal in Gang, ist kein Vorwärmen mehr erforderlich, das Brennen läßt sich kontinuierlich fortführen.

Soll eine bestimmte Form ausgebrannt werden, so ist ein Anriß notwendig. Gewöhnliche Schulkreide brennt nicht, sie ist gut geeignet. Zusätzlich kann man dicht bei dicht nicht zu kleine Körner einschlagen. Diese sieht man trotz der glühenden Umgebung einigermaßen gut.

Den meisten Schneidbrennern ist ein Zirkel beigegeben, mit dem man, ohne auf einen Anriß achten zu müssen, runde Scheiben ausschneiden kann. Sollen allerdings solche Scheiben durch Drehen weiterbearbeitet werden, treten die Nachteile des Verfahrens schnell zutage. Harte Stellen (denen nur Hartmetalldrehmeißel gewachsen sind) und Unebenheiten zehren den Zeitgewinn vom Sägen zum Brennen schnell auf. Nicht selten muß das Stück nochmals ausgespannt werden, damit zu tiefe Einbrennungen durch Auftragsschweißen mit Elektroden geflickt werden.

Es muß noch erwähnt werden, daß der Sauerstoffverbrauch beim Brennschneiden sehr hoch ist. Mit kleinen, handlichen Flaschen kommt man nicht weit.

Schutzgasschweißen

Das elektrische Schweißen von Dünnblechen mit Elektroden bringt keine befriedigenden Ergebnisse. Erst die Schutzgasschweißung macht das möglich. Die erforderlichen Geräte wurden verbessert und verkleinert, die Bedienung vereinfacht. So ist heute das Schutzgasschweißen allgemein üblich, und gerade die kleinsten Apparate sind sehr beliebt und können vor allem für Autoreparaturen rentabel genutzt werden.

Der Schutzgasschweißapparat ❶ besteht aus einem Transformator, der niedrige Spannung (Volt) bei hohen Strömen (Ampère) zu entnehmen erlaubt, einem

Gleichrichter sowie dem Schweißdrahtvorrat in Form einer Spule ❷ (1). Dazu gehören der Vorschubmotor ❷ (2) (stufenlos regelbar), die Flasche mit dem komprimierten Schutzgas mit aufgeschraubtem Regler ❷ (3), das Schlauchpaket mit Pluskabel, Drahtführung und Gasschlauch, das im Brennergriff ❹ endet, und das Minuskabel (»Masse«) mit Klemme.

Die Bedienteile sind hauptsächlich ein Stufenschalter zur Wahl der Stromstärke ❸ (1), ein Drehgriff zur stufenlosen Einstellung des Drahtvorschubs ❸ (2) und ein Handrädchen am Druckminderventil der Gasflasche ❷ (4) zur Einstellung des Gasfließdrucks. Der Schalthebel

Abb. 1

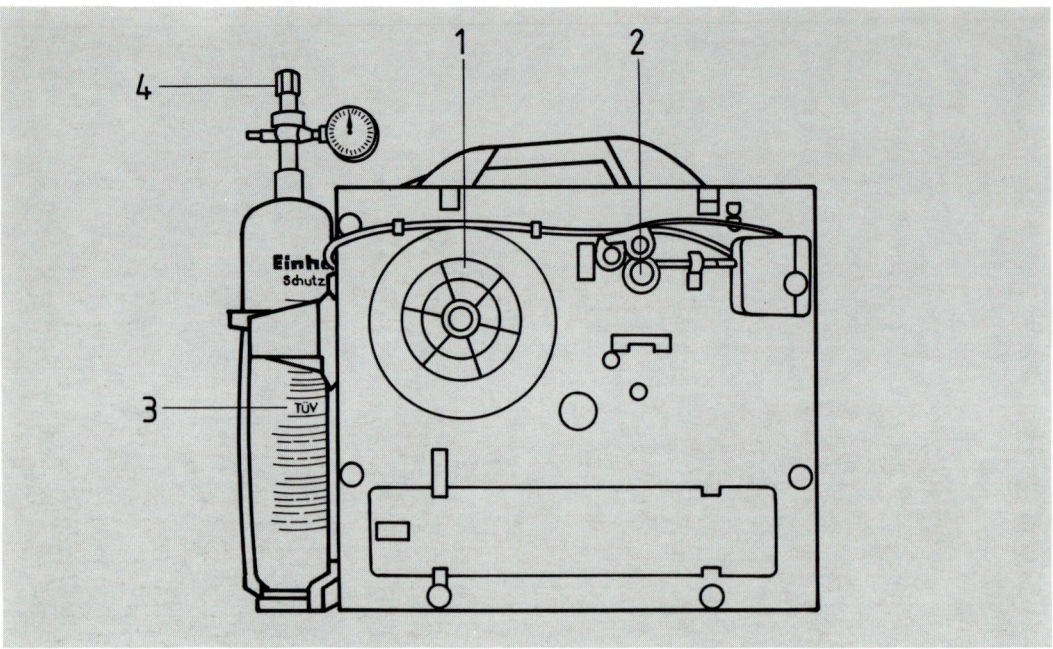

Abb. 2

am Brennergriff ❹ setzt den Drahtvorschub in Funktion und öffnet (mittels des Schaltventils) den Gasfluß. Darüber hinaus vorhandene Einrichtungen dienen nicht dem Schutzgasschweißen, sie erweitern die Anwendungsmöglichkeiten des Geräts. So ist der ohnehin eingebaute Gleichrichter nutzbar, um Akkus und Batterien zu laden; seine hohe Leistung ermöglicht sogar die Starthilfe für das Auto. Ein Umschalter ❸ (3) macht das Gerät zum Elektrodenschweißen tauglich.

Das Schweißen mit einem gewöhnlichen Draht mit Hilfe der Hitze des elektrischen Lichtbogens wäre zwar prinzipiell möglich, es ist jedoch nicht nur von der Handhabung her schwierig, sondern ergibt auch ungenügende Nahtqualitäten. Die Schweiß-

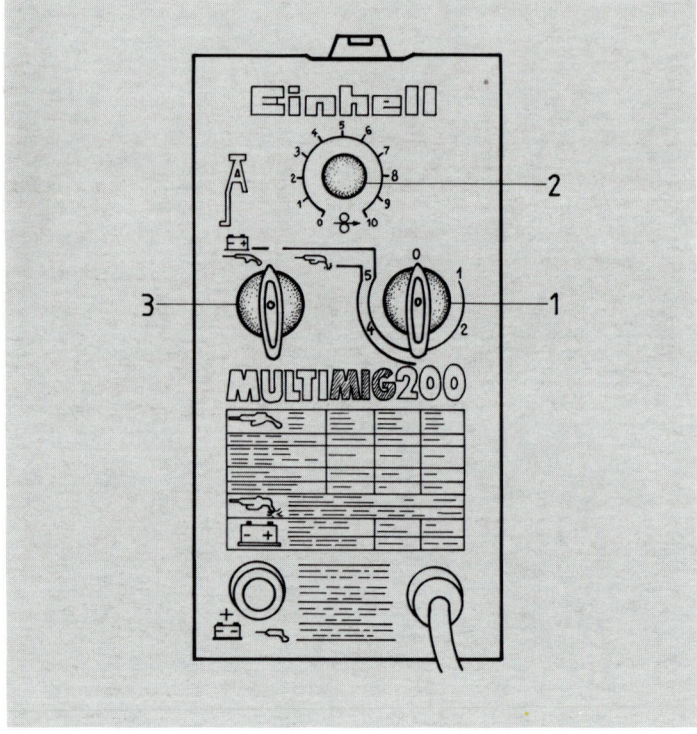

Abb. 3

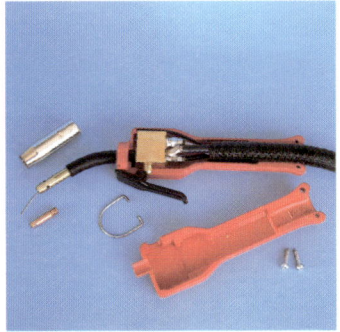

Abb. 4

Abb. 5

des abgebildeten können mit 0,6-mm-Draht Materialstärken bis etwa 4 mm miteinander verschweißt werden. Ihr Hauptanwendungsgebiet ist das Blechschweißen ab etwa 1 mm Stärke. Bei Verwendung von Mischgas (75% Argon, 25% Kohlendioxyd) anstelle des reinen Kohlendioxyds können mit dem niedrigsten einzustellenden Strom schon 0,5 mm dünne Bleche geschweißt werden. Dadurch, daß das Elektrodenmaterial (der Schweißdraht) so dünn ist, genügen zum Abbrand viel geringere Stromstärken, als man für umhüllte Elektroden braucht. Diese sind erst ab 2,5 mm Durchmesser ohne besondere Geschicklichkeit verschweißbar.

Zwar ist das autogene Schweißen sehr gut bei Dünnblechen anwendbar, weil dort die Zufuhr von mehr oder weniger Hitze durch Brennerwahl und einfaches Wegnehmen der Flamme von der Schweißstelle zu regulieren ist, doch ist bei den häufig nötigen Reparaturschweißungen an Kraftfahrzeugen die MAG-Schweißung eindeutig überlegen und wird fast ausschließlich angewendet. Mit keiner anderen Schweißtechnik kann man beispielsweise die durchgerostete Stelle am unteren Rand einer Heckklappe ❺ genauso leicht und problemlos verschließen und verstärken wie mit der MAG-Schweißung. Zuerst müssen Lack und Rost entlang der Kontur des vorbereiteten Reparaturbleches (0,75 mm dick) abgeschliffen werden ❻.

Abb. 6

naht oxidiert, weil sie nicht vor dem Luftsauerstoff geschützt ist. Das Schmelzbad erstarrt zu schnell, dadurch wird das Schweißgut spröde, es ist nicht schmiedbar. Abhilfe schafft eine geeignete Umhüllung des Schweißdrahts, der dann als Elektrode bezeichnet wird.

Beim MAG-Schweißen (Metall-Aktiv-Gas-Schweißen), das für unsere Baustähle in Frage kommt, strömt während des Schweißens Kohlendioxyd oder ein Mischgas ringförmig um den Schweißdraht herum auf den Lichtbogen und die Schweißstelle. Mit Geräten in der Größe

Das Reparaturblech ist unten nach innen in der Falz der Klappe umgeschlagen. So kann es ohne weitere Befestigung aufgesteckt werden. Es mit einer durchgehenden Naht anzuschweißen ist nicht möglich. Dieser Erhitzung würde das Autoblech – durch Abschleifen noch extra geschwächt – nicht standhalten. Man schweißt vielmehr nur einzelne Punkte auf der Grenze Reparaturblech – Autoblech ❼.

Dabei nähert man den Brenner dem Schweißgut nicht nur, sondern setzt die Gasdüse leicht schräg unter Druck aufs Blech. Sie ist nicht stromführend, sondern isoliert am Brennerrohr befestigt. Das Aufsetzen führt dazu, daß jeweils dort, wo ein Punkt geschweißt werden soll, das Reparaturblech satt am Autoblech anliegt, eine wichtige Voraussetzung für den Erfolg.

Der Schweißdraht muß bei dieser Arbeitsweise sehr kurz abgeschnitten sein. Er wird mit dem Seitenschneider so gekürzt, daß er nicht wie sonst über die Gasdüse vor-, sondern leicht zurücksteht. Kurzes Einschalten (Betätigen des Hebels am Brennergriff) setzt den Drahtvorschub in Gang, man hört es schweißen, pro Punkt beträgt die Schweißdauer schätzungsweise eine Sekunde! Durch längeres Schweißen würde schon ein Loch entstehen.

Als besonders angenehm und zeitsparend wird dabei hervorgehoben, daß das Abklopfen der Schlacke entfällt und das Nahtmaterial »endlos« zur Verfügung steht,

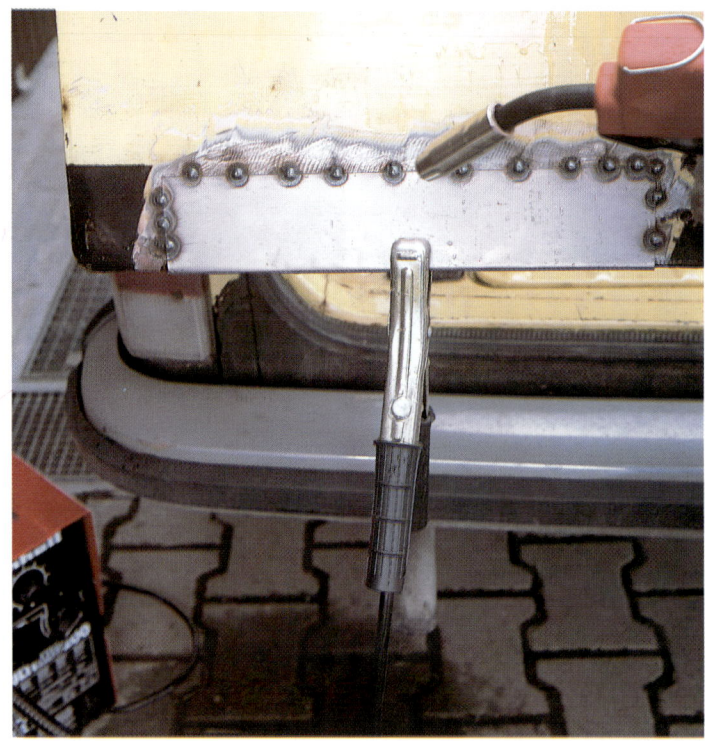

Abb. 7

während eine Elektrode schnell abgebrannt ist und ihr Einsatz jedesmal eine unliebsame Arbeitsunterbrechung bedeutet.

Nachteilig ist, daß das Schweißgut von Öl, Fett oder Farbe gesäubert werden muß. Im Freien bläst der Wind den Schutzgasmantel weg – auf Montage wird deshalb mit Elektroden geschweißt.

Sehr gut eignet sich die MAG-Schweißung – auch mit kleinen Geräten – für Konstruktionen aus Vierkantrohren und dünnwandigen runden Rohren ❽. Vierkantrohre haben Wandstärken ab 1,5 mm. Bei einem Stumpf- oder T-Stoß ergibt sich, wenn die Abrundung am durchgehenden Rohr etwas

Abb. 8

stärker ist, doch eine recht große Lücke, die auszufüllen ist ❾. Da ist natürlich das »sanfte« MAG-Schweißen vorteilhaft ❿, ⓫.

Man könnte sogar Rohrenden mit einem Blech verschließen, es ist aber leichter, wenn man als Endverschluß ein Stück Flacheisen

Abb. 9

Abb. 12

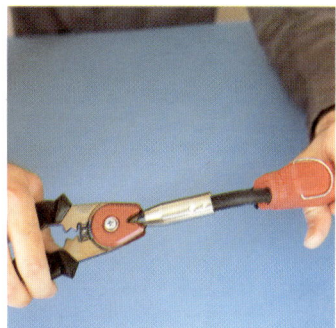

Abb. 14

Abb. 10

Abb. 13

Abb. 11

nimmt ⓬, ⓭ . So kann man scharfe Kanten erhalten, was oft gewünscht wird. Beim MAG (Metall-Aktiv-Gas)-Schweißen, von dem bisher die Rede war, kommen chemisch aktive Gase, wie Kohlendioxyd, zur Anwendung, die sich bei über 4000 °C aufspalten,

beim Auftreffen auf das kalte Werkstück wieder vereinigen und dabei Wärmeenergie übertragen. Beim MIG (Metall-Inert-Gas)-Schweißen wird inertes (neutrales, einatomiges) Gas verwendet, zum Beispiel Argon oder Helium. Damit ist es möglich, Edelstähle oder Aluminium zu schweißen. Das Umrüsten des Schweißgeräts ist in der Bedienungsanleitung beschrieben. Es müssen die Gasflasche und die Drahtrolle gewechselt werden. Ist der Aluminiumdraht dicker, dann braucht man auch die dazu passende Stromdüse im Brennergriff. Bei jeder Inbetriebnahme des Schutzgasschweißgeräts prüft man den Gasfluß. Beim Öffnen des Ventils geht ja

der Manometerzeiger zurück, der Staudruck entweicht, und es wird der (einzustellende) Fließdruck angezeigt. Dabei transportiert der Vorschub natürlich ein mehr oder weniger langes Stück Schweißdraht, das beim Schweißbeginn im Wege wäre. Man kann es mit einem Seitenschneider einige Millimeter vor der Gasdüse abzwicken. Praktischer ist die Spezialzange, die den Draht immer auf die richtige Länge schneidet ⓮ . Außerdem hat sie zwei Schneiden zur Innenreinigung der Gasdüse. Diese wird nämlich beim Schweißen durch Spritzer verunreinigt. Zwischen den Griffen der Zange sind Prismen zum Ab- und Aufschrauben der Stromdüse und zum Abziehen der Gasdüse angebracht.

Löten

Weichlöten und Hartlöten werfen die gleichen Probleme auf. Das eigentliche Löten – die Verbindung zweier Metalle durch Einbringen eines dritten in die Lötstelle – selbst ist nicht schwierig. Der Erfolg setzt lediglich die sorgfältige Vorbereitung der Werkstücke und das ausreichende und zielgerichtete Erwärmen der Lötstelle voraus. Wichtigstes Anwendungsgebiet im Handwerk, besonders im Bereich Sanitärinstallationen, sind Rohrleitungen aus Kupfer.

Beim Löten werden, im Gegensatz zum Schweißen, zwei meist gleiche Metalle durch Einbringen eines anderen Metalls in die Lötfuge miteinander verbunden. Dieses Verbindungsmetall heißt Lot und hat einen um vieles niedrigeren Schmelzpunkt als die jeweils zu verlötenden Metalle.

Löten mit vorwiegend aus Zinn (Schmelzpunkt um 230°) bestehenden Loten heißt Weichlöten, finden Lote aus Messing (Schmelzpunkt um 900°) und Zusätzen (meist Silber) Verwendung, spricht man von Hartlöten.

Beim Lötvorgang werden Werkstücke und Lot erhitzt, bis das Lot fließt und durch Eindringen in die Poren des zu lötenden Metalls die erwünschte Verbindung herstellt.

Um diesen Vorgang zu ermöglichen, müssen die zu lötenden Teile metallisch blank sein. Oxyde, Fett und andere Verunreinigungen müssen mechanisch durch Kratzen, Schaben, Schleifen oder chemisch (in der Industrie in entsprechenden Bädern) entfernt werden.

Beim Erhitzen oxydieren die Metalle aufs neue. Damit dieses Oxyd den Lötvorgang nicht verhindert, bedarf es der Flußmittel.

Die wichtigsten Flußmittel für die Weichlötung sind Kolophonium, das, wenig aggressiv, nur für elektrische Anschlüsse Verwendung findet, und Salmiakpulver sowie Lötwasser, das ist Salzsäure mit gelöstem Zink und stark mit Wasser verdünnt. Für Weichlötungen an verzinkten Blechen verwendet man verdünnte Salzsäure ohne Zinkgehalt.

Aggressivere Flußmittel bedingen die sorgfältige Reinigung der Lötstelle (zum Beispiel mit Benzin) nach dem Erkalten. Das gilt besonders für Lötwasser, welches es übrigens auch als Fertigprodukt zu kaufen gibt.

Vielfach – besonders für nicht sehr umfangreiche Lötungen anzuwenden – ist das Flußmittel im Lot eingeschlossen. Dieser sogenannte Lötdraht, eigentlich ein Röhrchen, bringt das Flußmittel auf die bequemste Weise an die Lötstelle. Hartlote in Form von Stäben oder Drähten können das Flußmittel ebenso enthalten, viele sind auch damit ummantelt, ähnlich wie bei Schweißelektroden üblich.

Während beim Schweißen die Haltung der Elektrode oder der Flamme und des Schweißdrahts wesentlichen Einfluß auf Form und Güte der Schweißnaht hat, ist Löten ein gewissermaßen automatischer Vorgang.

Neben der Sauberkeit der zu verbindenden Flächen ist Wärme und nochmals Wärme das nächstwichtigste. Dadurch, daß die Lote viel niedrigere Schmelzpunkte als die Materialien der Werkstücke haben, fällt man da leicht Täuschungen zum Opfer. Wenn das Lot noch so schön schmilzt, sagt das gar nichts über die Temperatur des Werkstücks, besonders die im weiteren Umfeld der Lötstelle, aus. Je kleiner die zu verlötenden Teile sind, desto weniger Schwierigkeiten macht das.

Weichlöten

Für kleine Weichlötungen wird die Wärme mit dem elektrischen Lötkolben erzeugt. ❶ zeigt einen solchen elektrischen Lötkolben in Hammerform, ein sehr großes Modell mit 300 Watt Heizleistung. Links sind zwei Spulen mit verschieden dickem Lötdraht, flußmittelgefüllt, abgebildet. Daneben sind eine Dose Lötfett, ein Fläschchen Lötwasser (im Schraubdeckel ist ein Pinsel für bequeme Anwendung befestigt), ein Salmiakstein und ein kleiner Lötkolben (100 W) zu sehen: alles zusammen die komplette Ausrüstung für elektrisches Weichlöten. Lötkolben wie der unten auf dem Bild wurden früher als

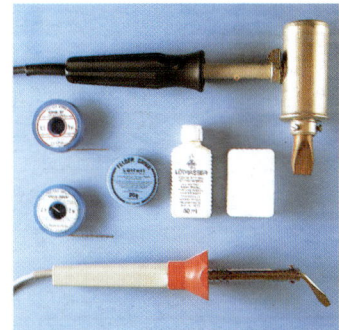

Abb. 1

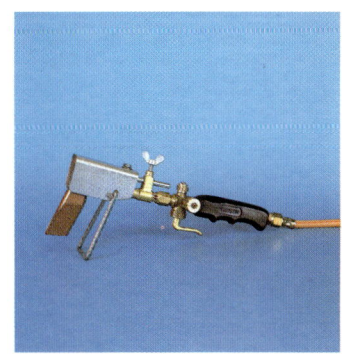

Abb. 2

»Radiolötkolben« bezeichnet, womit ein treffender Hinweis auf sein Einsatzgebiet gegeben ist.

Über die Leistung der großen elektrischen Lötkolben hinaus gehen Lötkolben mit Gasheizung ❷. Sie werden nicht nur wegen ihrer hohen Wärmeabgabe bei der Herstellung von Verwahrungen und Regenrinnen eingesetzt, sondern auch wegen ihrer Beweglichkeit und Unabhängigkeit vom elektrischen Netz. Es gibt sehr kleine handliche Propangasflaschen, die – etwa auf dem Dach – leichter zu handhaben sind als ein Dutzende von Metern langes Kabel.

Die Arbeitsweise ist mit allen Lötkolben die gleiche. Wenn der Lötkolben auf Arbeitstemperatur aufgeheizt ist, hat sich seine kupferglänzende Oberfläche durch Oxydation verdunkelt, später fängt das Kupfer an zu verzundern, es bildet sich ein schwarzer schuppiger Belag. Da die wenigsten Lötkolben (nur die allerkleinsten für den Elektronikbereich) thermostatisch geregelt sind, führt die Verzunderung dazu, daß das Lötkolbenkupfer im Lauf der Zeit zerfressen wird, es entstehen Krater.

Das Reinigen des (heißen!) Lötkolbens geschieht durch Reiben auf dem Salmiakstein, wobei weiße Dämpfe aufsteigen. Schlimme Unebenheiten muß man durch Feilen am (kalten!) Lötkolben beseitigen. Geringe Oxydation an kleinen Kolben beseitigt man durch kurzes Eintauchen in Lötfett, wobei weniger unangenehme Dämpfe entstehen.

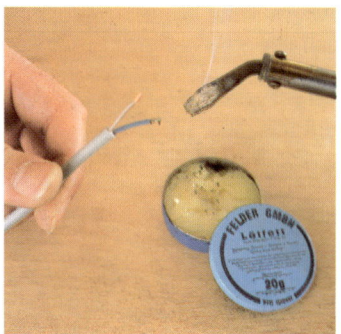

Abb. 3

Der metallisch saubere Kolben kann jetzt verzinnt werden. Flußmittelgefülltes Lot, kurz an die Spitze gehalten, überzieht diese mit Zinn. Wenn man jetzt zum Beispiel in Lötfett getauchte Litzenenden an den Lötkolben hält ❸, überzieht sich die Litze mit Zinn. Ebenso kann man sie mit Lötfahnen verbinden, wobei hilfreich ist, wenn Lötfahne und Litzende beide vorher verzinnt werden. Die Lötung – Vorhandensein von etwas Flußmittel vorausgesetzt – vollzieht sich dann in einem Augenblick.

Die Lötstelle darf bis zum Erkalten nicht bewegt oder erschüttert werden. Das Zinn muß glänzend erkalten, Bewegen der noch warmen Lötstelle führt zu einer grießeligen, matten Zinnfarbe. Diese Art zu löten läßt sich fast immer anwenden, wenn es möglich ist, durch den begrenzten Kontakt des heißen Kolbens genügend Wärme in das Werkstück zu bringen. Flüssiges Lötfett sowie geschmolzenes Zinn verbessern diese Wärmeübertragung. Sie braucht aber Zeit, und man darf nicht zu früh eine ausreichende Erhitzung annehmen.

Abb. 4

Abb. 5

Ein Beispiel für eine großflächigere Lötung ist das Verlöten von Boden und Zarge eines Blumengießkännchens. Die Bördelung des Bodens – innen – und die Unterkante der Zarge wurden zuerst einzeln verzinnt. Nach dem Zusammenstecken der Teile wurde der Lötkolben mehrfach verzinnt und innen in der Ecke zu löten versucht. Der Hammerkolben von ❶ hat da keinen Platz, man braucht die spitze Form ❹. Die Lötstelle ist aber so nicht richtig warm geworden, deshalb wurde sie rundum mit der Lötlampe erhitzt ❺. Kupfer nimmt zwar wie Messing Lötzinn sehr leicht an, gleichzeitig ist es aber ein Metall mit sehr guter Wärmeleiteigenschaft. Das heißt, daß

Abb. 6

Abb. 7

Abb. 8

auf kleiner Fläche zugeführte Wärme sich rasch verbreitet, die ganze Kupfermasse wird schnell heiß (deshalb der Handschuh), aber eben nicht genügend, um an einer bestimmten Stelle die erforderliche Fließtemperatur des Zinns zu erreichen.

Die Wärmezufuhr durch die Flamme sollte bewirken, daß Zinn rundherum außen zwischen Bördelung und Mantel aufsteigt. Unter diesen Bemühungen wird die Lötfuge dicht, aber an allen Stellen, wo die beiden Bleche nicht satt aneinander liegen, klappt das nicht ❻. Zinn kann nur eine hauchdünne Fuge füllen, außer es wäre nicht warm genug, um zu fließen, sondern nur teigig. Die gerade richtige Tempera-

tur ist praktisch eher durch Zufall als mit Absicht zu erreichen. Da bleibt dann nichts anderes übrig, als die Fehlstellen zu füllen, ohne das ganze Werkstück zu erhitzen, wozu sich der Hammerkolben eignet ❼.

Damit sind die wichtigsten Voraussetzungen für das Löten beschrieben und gleichzeitig die einzige Schwierigkeit aufgezeigt, die den Erfolg in Frage stellen kann: Die zu vereinigenden Teile müssen irgendwie festgelegt oder zusammengeklemmt oder genietet werden und so verbleiben, bis die Lötung mit Erhitzen und Abkühlen beendet ist.

Abbildung ❽ zeigt eine Geländerverwahrung an einer hölzernen Fußgängerbrücke. Man sieht, daß auch Profis nichts anderes übrigbleibt, als Klecks neben Klecks zu setzen. Die senkrechte Abkantung wurde offengelassen – hier wäre Löten noch schwieriger. Wenn man die abgebildete Stelle nochmals erwärmen würde, um das Zinn schön glatt verlaufen zu lassen, dann würde sich (wegen innerer Spannung und wegen der Ausdehnung) zwischen den Nieten das

Blech heben, und die Fuge würde sich weit öffnen.

Die beste »Lötklemme« ist immer noch ein geschickter Helfer, der mit zwei alten Schraubendrehern die widerspenstigen Teile niederdrückt.

Zum Weichlöten genügt die Übergangswärme aus dem selbst nicht allzuheißen Lötkolben. Daß kleine Lötkolben nur kleine Werkstücke erhitzen können, wo wir doch voraussetzen müssen, daß sie in etwa die gleiche Oberflächentemperatur haben wie große, liegt an der Wärmemenge. Die Wärme »fließt der Kälte nach« und wenn nicht viel mehr nachgespeist wird als wegfließt, kann eine weitere Temperaturerhöhung nicht stattfinden.

Die Propanflamme ❺ hat beispielsweise eine Temperatur von über 1400 °C, sie müßte Zinnlot (reines Zinn schmilzt bei 232 °C) im Nu genügend erwärmen. Trotzdem kann sie nicht genug Wärmeenergie liefern, zumal dann, wenn Brenner und Flamme im Verhältnis zum Werkstück zu klein sind.

Die Weichlote bestehen hauptsächlich aus Mischungen von Zinn und Blei mit Zusätzen von Antimon und auch Silber, sogar Kupfer (1 bis 2 %).

Legierungen verhalten sich oft anders, als ihre Einzelbestandteile vermuten lassen. So kann ein Weichlot mit höherem Bleianteil einen niedrigeren Schmelzpunkt haben, als eines mit geringerem, obwohl Blei den höheren Schmelzpunkt hat (327 °C). Das liegt am unterschiedlichen Schmelzwärmebedarf von 25 kJ/kg (Kilojoule/Kilogramm) bei Blei und 59 kJ/kg bei Zinn.

Wichtig ist, daß Lote für Teile von Trinkwasserleitungen 60% Zinn enthalten müssen, das wie Silber ungiftig ist. Ein Spezialgebiet des Weichlötens ist das Verlöten von Bleiteilen untereinander oder mit Teilen aus anderem Metall. Die häufigsten in der Praxis vorkommenden Anwendungen sind das dichte Anlöten eines Bleisiphons an das dünnwandige Messingrohr eines Ablaufs und Farbglasfenster- oder Tiffany-Arbeiten.

Auch für umfangreichere Arbeiten empfiehlt sich der Einsatz von dünnem Lötdraht, damit er unter geringer Wärmezufuhr schmilzt. Das Problem beim Bleilöten ist die geringe Schmelzpunktdifferenz zwischen Blei und Zinn. Wenn das Zinn gut flüssig ist, besteht die Gefahr, daß sich bei geringer Überhitzung das Blei mitverflüssigt und einfach wegläuft.

Beim Anlöten zum Beispiel an Messing ist dieses im Lötstellenbereich gut zu verzinnen. Dann wird das Bleiteil damit in Kontakt gebracht. Blei ist – rein – silberweiß, dunkelt aber an der Luft durch Oxydieren nach. Sehr altes, dunkles Blei sollte mechanisch (durch Kratzen) im Bereich der Lötstelle gereinigt werden. Dann kann es unter Zugabe von Lötfett mit der Verzinnung des Messingteils verbunden werden. Die Wärme muß stets vom Messing her auf das Blei überfließen, und die Wärmezufuhr muß sofort unterbrochen werden (Kolben wegneh-

Abb. 9

men), wenn das Blei sich mit dem zugeführten Lot zu vereinigen beginnt.

Noch vorsichtiger ist zu verfahren, wenn die dünnen Bleistege von Verglasungen verlötet werden sollen ❾. An sich geht das Löten wie bei allen anderen Metallen vor sich, doch darf der Lötkolben die Lötstelle nur Augenblicke berühren. Ist er zu heiß (der im Bild ist für diese Arbeit schon recht groß und hat eine fast zu hohe Leistung), dann muß man ihn zwischendurch ausschalten.

Beim Löten der schon erwähnten Trinkwasserleitungsteile gibt es keinerlei Schwierigkeiten, wenn man systematisch vorgeht. Wichtig ist, daß die Fittings nicht zu alt und zu sehr oxydiert sind. Es ist problematisch, sie innen, wo das Lot an ihnen haften soll, zuverlässig zu reinigen. Anders die Rohre – da genügt ein Blankscheuern mit Schmirgelleinwand im Lötbereich, um wieder das reine Kupfer zutage treten zu lassen. Ganz wichtig ist es, die Rohrenden lückenlos mit Lötfett zu bestreichen; anschließend werden sie mit dem Fitting zusammengesteckt.

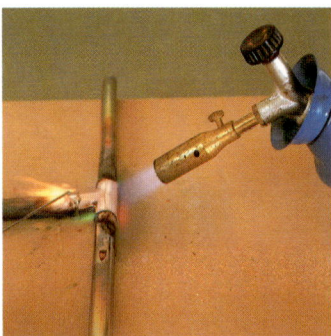

Abb. 10

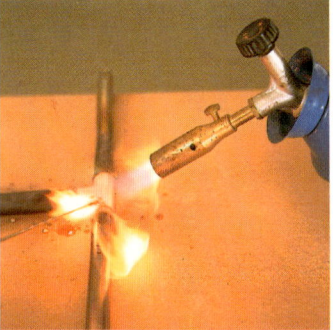

Abb. 11

Wenn möglich, lötet man ganze Baugruppen auf einem Schamottestein liegend ❿, so daß nur noch wenige Endverbindungen zum Löten vor Ort übrigbleiben.

Mit der Lötlampe erwärmt man Bogen oder Winkel; meist wird das Rohr so warm genug, wobei die durch Lötfett verbesserte Wärmeübertragung hilft. Man probiert nach einiger Zeit, ob an die Fuge gehaltenes Lötzinn schon schmilzt – dazu aber die Flamme wegnehmen! Sind die Kupferteile warm genug, dann nimmt die Lötstelle augenblicklich eine Menge Zinn an, das in der Fuge verschwindet. Dabei verbrennt überschüssiges Lötfett aus dem Hohlraum des Lots ⓫.

Hartlöten

Zum Hartlöten von Stahl oder Gußeisen mit Messingloten dient Borax – wasserfrei – als Flußmittel. Es ist beim Hartlöten jedoch selten nötig, Flußmittel außer dem im Lot enthaltenen oder es als Mantel umgebenden zuzugeben.

Die nicht immer leicht zu erfüllenden Hauptbedingungen sind die gleichen wie beim Weichlöten: Werkstücke zusammenbringen und genügend Hitze.

Abbildung ⓬ zeigt, wie ein 2 mm dünner Blechwinkel auf einem Blechstreifen gelötet werden soll. Zur Erwärmung dient ein großer Brenner, der über Schlauch und Druckminderer an eine Haushaltspropangasflasche angeschlossen ist.

Die Verbindung der beiden Teile wurde mit einem Feilkolben versucht, weil der, anders als eine Blechklammer, durch die Hitze kaum zu beschädigen ist.

Es war möglich, mit Geduld und durch Einhalten des richtigen Brennerabstands (4–5 cm) das Werkstück hellrot zu erhitzen ⓭, auch ist das zugeführte Messinglot (ca. 900 °C Schmelztemperatur) geflossen, aber nicht dünn genug, so daß sich keine schöne Lötstelle ergab. Man muß den Teilerfolg dem Wärmeabfluß über den Feilkolben zuschreiben, doch hätte ein größeres oder dickeres Werkstück auch ohne ihn den gleichen oder einen noch höheren Wärmebedarf gehabt.

Wir haben dann einen noch größeren »flammengestütz-

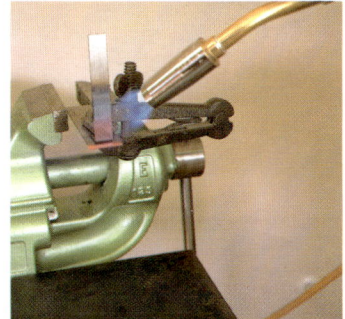

Abb. 12

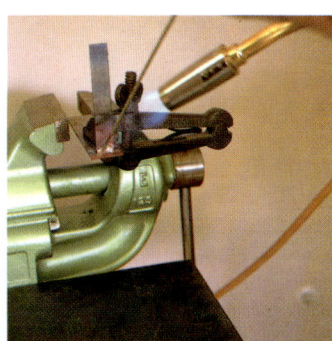

Abb. 13

Abb. 14

ten« Brenner und ein Lot mit nur 610 °C Schmelztemperatur genommen und damit – allerdings nach langem Anwärmen unter hohem Gasverbrauch ⓮ – die Lötung zustande gebracht ⓯.

Die Reduzierventile zum Aufschrauben auf die Propangasflaschen gibt es regelbar und mit starr festgelegtem Ausgangsdruck ⓰ (hier 2,5 bar). Beim einstellbaren Ventil ist man sich nicht sicher – es gibt hier ja kein Kontrollmanometer –, ob man schon den vertretbaren Höchstdruck eingestellt hat. Beim starren Ventil gibt es diesen Zweifel nicht.

Auch beim Arbeiten mit Propangasflaschen ist nämlich Vorsicht geboten. Nur einwandfreie Geräte und die strikte Unterlassung jeglicher Manipulation geben die nötige Sicherheit.

Für alle größeren Hartlötungen kommt als Wärmequelle letztendlich nur der Schweißbrenner, mit Azetylengas und Sauerstoff betrieben, in Frage. Da spielt es dann keine Rolle mehr, ob das Hartlot bei 600 °C oder bei 900 °C schmilzt. Das bei höherer Temperatur schmelzende Lot ergibt dabei natürlich eine Lötung von größerer Festigkeit. Zum Hartlöten wird die Schweißbrennerflamme »weich«, mit etwas Gasunterschuß, eingestellt.

Vorsicht geboten ist beim Hartlöten von Kupfer. Hier ist die Anwendung eines schnell schmelzenden Lotes eine Erleichterung. Das Hartlöten von Kupfer ähnelt nämlich

Abb. 15

insoweit dem Weichlöten von Blei, als die Schmelzpunkte von Lot und Werkstück unangenehm nahe beisammenliegen. Schmilzt das Lot, dann fließt ein dünnwandiges Kupferwerkstück auch schon weg!

Aluminium nimmt – was Löten betrifft – eine Sonderstellung ein. Sein Oxyd ist mineralisch und entsteht augenblicklich auf der reinen Metallfläche, so daß Kratzen nichts nützt.

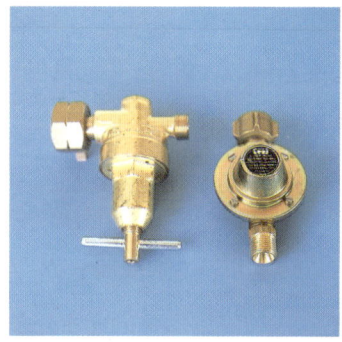

Abb. 16

Weich ist Aluminium gar nicht zu löten. »Hart«-Lote aus Aluminium gab es vor Jahrzehnten, wobei »hart« in Anführungszeichen steht, weil Aluminium ja ein sehr weiches Metall ist. Ob es sich damals mehr um Löten oder mehr um Schweißen gehandelt hat, ist müßig zu untersuchen, da Aluminium inzwischen fachgerecht nur noch unter Anwendung des MIG-Verfahrens geschweißt wird.

Bleche zurichten und nieten

Blechbearbeitung ist eigentlich Sache großer Maschinen. Welche Handwerkzeuge und Elektrowerkzeuge den Umgang mit Blechen im kleinen Rahmen ermöglichen, wird hier gezeigt.
Das Nieten, als eigenständige Verbindung oder zur Unterstützung von Lötstellen, wird heute nur noch als Blindnietung mit Nietzangen angewendet.

Blecharbeiten

Blech ist ein wichtiges Material, das bei vielen Konstruktionen Profilstähle ergänzt. Ganz aus Blech können zum Beispiel Schutzhauben oder Schloßkästen für Tore sein. Ofenrohre, Dachrinnen und Regenfallrohre sind als Halbfabrikate im Handel, wobei fertige Bögen und Krümmer es erlauben, mit wenig Aufwand Ansehnliches zusammenzubauen.

Die Maschinen zur perfekten Blechverarbeitung sind riesig und schwer. In der Industrie üblich, finden sie sich im Handwerk nur in Spezialbetrieben, anders können sie nicht ausgenützt werden. Abkanten – das scharfkantige Biegen – läßt man am besten in solchen Betrieben vornehmen. Falzungen an größeren Teilen (beispielsweise für Überdachungen oder Verwahrungen) bezieht man vorteilhaft soweit vorbereitet, daß man am Montageort nur noch die Falze ineinanderstecken und zuklopfen (bördeln) muß.

Auf Eigenheiten beim Bohren ist im einschlägigen Kapitel hingewiesen worden, ebenso auf das Trennen dickerer Bleche. Auch Löten und Schweißen von Blech sind in den betreffenden Kapiteln erwähnt. Wegen kleinerer Teile lohnt es sich nicht, einen Blechbearbeitungsbetrieb aufzusuchen. Was mit Hand- und Elektrowerkzeugen selbst zu machen ist, erspart eine Menge Geld.

So sollten abzukantende Teile fix und fertig ausgeschnitten, die »Abwicklung« herausgearbeitet sein. Dazu

Abb. 1

Abb. 2

Abb. 3

gehört vor allem das Ausschneiden von Ecken. Bis etwa 1,5 mm Stahlblechdicke kann das mit der Handblechschere geschehen. Die alte gerade Form ist wegen ihrer Nachteile gar nicht mehr in Gebrauch. Um mit ihr längere (tiefere) Einschnitte machen zu können, mußte man die

beiden Blechtrümmer links und rechts der Schere gar zu sehr auf- bzw. nach unten biegen. Die heutigen Scheren sind mehr oder weniger auf Durchlauf geformt. Eine der beiden Scherenhälften ist stark gekröpft, so daß sich das Verbiegen des Schneidgutes in Grenzen hält ❶.

Abb. 4

Abb. 5

Eine Besonderheit – wenig bekannt, aber oft nützlich und in einigen Fällen unentbehrlich – ist die »linke« Blechschere ❷ (hier eine für Kurven geeignete Schere). Aus- und Abschnitte in den Ecken bereits gekanteter Kästen bedingen den Einsatz dieses Werkzeugs. Da Blechschneiden mit der Handschere einiges an Muskelkraft erfordert, haben sich Scheren mit Hebelübersetzung ❸ bewährt. Natürlich muß eine durch Hebeleinsatz erzielte Kraftersparnis anderweitig kompensiert werden: Solche Scheren schneiden pro Hub eine kürzere Strecke, was aber ihre Vorteile nicht einschränkt.
Scheren schneiden zwar ohne Schnittverluste, doch wä-

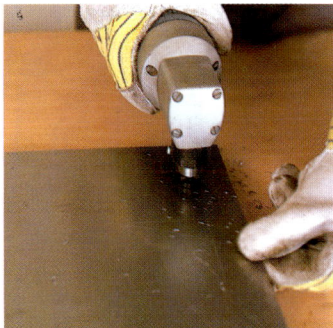

Abb. 6

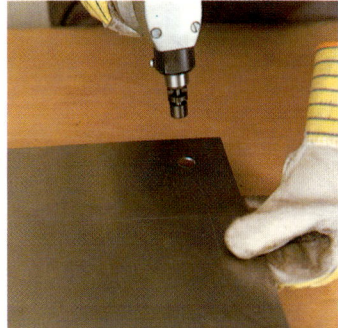

Abb. 7

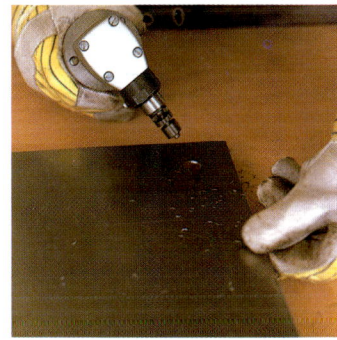

Abb. 8

re ein solcher leicht zu verschmerzen, wenn dann die anderen Nachteile der Scheren wegfallen würden. Diese Überlegung hat zur Konstruktion der »Knabber« geführt, die keinen Schnitt machen, sondern eine mehr oder weniger breite Spur ausstanzen.

Kein echter Knabber ist das abgebildete Blechschneidewerkzeug ❹. Bei der Bedienung wird eine Nase auf- und ab bewegt, die sich scharfkantig zwischen zwei Schneiden schiebt und dabei einen endlosen Streifen Material nach oben ringelt. Es handelt sich also eher um eine doppelte Schere, die wie alle Scheren Material verbiegt, aber eben einen unbedeutenden Abfall und nicht das Werkstück ❺.
Hervorragend eignet sich dieses Werkzeug zur Arbeit an Dachrinnen, die dabei nicht verformt (verbogen) werden. Blechrohre, wie Ofen- oder Regenfallrohre, lassen sich leicht ablängen, wenn man ein Loch bohrt, in dem die Schneidenase einen Anfang findet. Ebenso können Ausschnitte in ebenen Tafeln hergestellt werden, nicht nur gerade, sondern auch Kurven mit nicht zu engem Radius.
Die bewältigbare Blechstärke geht etwa bis 1,2 mm in Stahlblech. Nach ähnlichem Prinzip arbeiten auch elektrische Maschinen.
Der echte Knabber ist eine richtige Stanze mit rundem Stempel und runder Matritze. Der Schnittbereich des Stempels ist begrenzt, er stanzt nur »Halbmonde« ❻, die dicht an dicht eine Schnittspur hinterlassen. Zum Einsetzen für Durchbrüche braucht der Knabber eine Bohrung, die größer ist als seine Spurbreite ❼. Breite der Spur sowie Durchmesser des Einsetzloches sind von Modell zu Modell verschieden und von der zu schneidenden Blechdicke abhängig ❽.

Die unangenehmste Nebenerscheinung des Knabberns sind die messerscharfen, halbmondförmigen Stanzabfälle, die sich in alle Gummisohlen eingraben.

Dickere und größere Bleche können mit der Hebelschere ❾ abgeschnitten werden. Die scherentypische Verformung der hier geschnittenen Bleche ist am leichtesten zu tolerieren, wenn in der Nähe der Schnitte Abkantungen mit der Maschine vorgesehen sind. Richtversuche mit dem Holzhammer enden meist unbefriedigend, Bleche richten und spannen ist ein sensibler Arbeitsbereich für Spezialisten.

Gute Dienste leistet die Hebelschere, wenn ein größeres Blech nur um wenige Zentimenter schmaler oder kürzer geschnitten werden soll und man den abfallenden Streifen wegwerfen kann. Umgekehrt ist die Erzeugung schmaler Blechstreifen unter etwa 10 cm Breite wenig aussichtsreich, sie sind einfach zu stark verzogen, als daß man etwas Vernünftiges damit anfangen könnte.

Was die Hebelschere vielseitiger macht – mittlere Größen sind schon für Materialstärken bis 5 mm ausgelegt –, ist das Abschneiden (Abrunden) von Flacheisen. Dazu muß der Niederhalter ❿ (links im Bild) sorgfältig eingestellt werden, sonst kippt das Material, drückt die Messer auseinander, und der Scherenkörper wird dabei verbogen.

Wie schon im Anschluß an die Ausführungen über das Bohren gezeigt, ist es natürlich möglich, alle Arten von

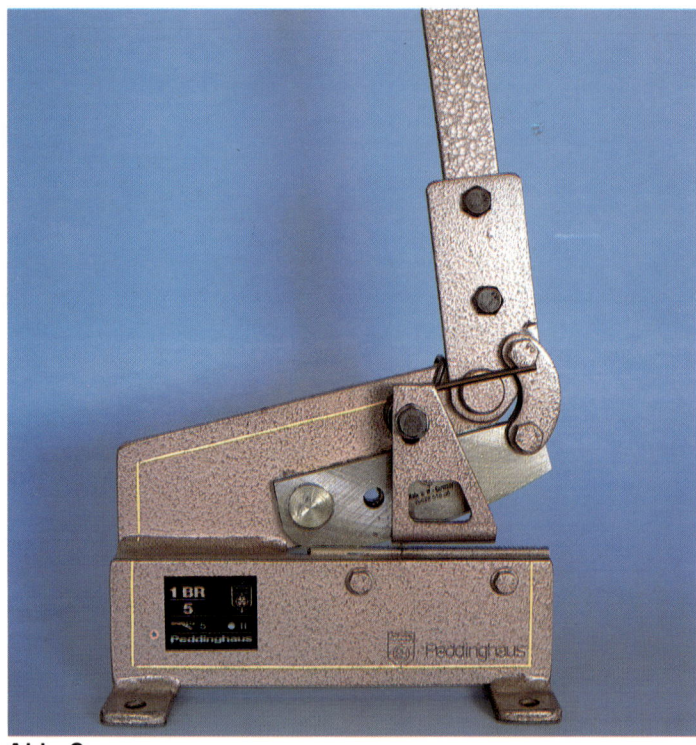

Abb. 9

Abb. 10

Schnitten in Blech mit der Stichsäge auszuführen. Voraussetzungen sind spezielle Sägeblätter und großzügiges Schmieren. Das Sägeblatt sägt ja nur mit einigen wenigen Zähnen, die sich verhältnismäßig rasch abnützen. Trotzdem ist das Blechsägen rentabel, denn eine Stichsäge ist sehr vielseitig einsetzbar, ihre Anschaffungskosten verteilen sich auf mehrere Bereiche.

Nieten

Bleche werden von jeher durch Nieten miteinander verbunden. Sowohl die Abkantungen an Kästen in den Ecken – zum Löten vorgesehen oder nicht – als auch Anschlüsse an und Verlängerungen von Dachrinnen, die wegen Dichtheit gelötet werden sollen, bedürfen vorher der Nietverbindung.
So schön die Köpfe warm eingezogener Nieten in Großkonstruktionen sind, so wenig attraktiv sind kleine Blechnieten, die dünne Bleche verbinden. Selbst gestandene Spengler bringen keine Nietköpfe zustande, die so regelmäßig aussehen, wie in den Abbildungen der Lehrbücher.
Während die Nietenreihen an Brücken und Dampfkesseln durch Schweißen überflüssig wurden, hat sich für Blechverbindungen die Blindniete durchgesetzt. Ein Nagel in der hohlen Niete wird in den (auswechselbaren) Kopf der Blindnietzange gesteckt ❶.
Nach Einführung des Nietschafts in das gebohrte oder gestanzte Nietloch schließt man die Hebel der Zange ❷.
Der enthaltene Stahlnagel wird mit Gewalt herausgezogen, wobei er bricht – und zwar an einer Sollbruchstelle in der richtigen Länge ❸. Der Nagelkopf weitet vorher den Nietschaft zum allerdings nicht sehr attraktiven Schließkopf ❹.
Da, wie schon die Bezeichnung »Blindnietung« sagt, der Arbeitsgang von einer Seite her ausgeführt wird, eignet sich das Verfahren für das Aufnieten von Beplan-

Abb. 1

Abb. 2

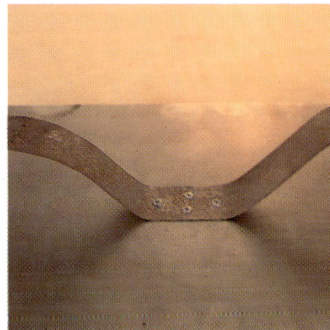

Abb. 4

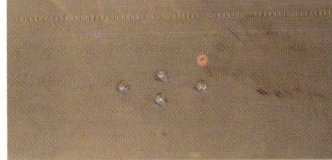

Abb. 3

kungen und Verwahrungen, die von der anderen Seite

nicht zugänglich sind. Das hat dazu geführt, daß das Blindnietverfahren überall eingesetzt wird.
Nieten gibt es in vielen Größen und unterschiedlichen Materialien, selbst in Kupfer, so daß bei Verwendung in Kupferblechen kein elektrolytischer Effekt entsteht.

Drehen

Die Metallbearbeitung erfordert das Drehen von Teilen, sobald präzise bewegliche Konstruktionen in Angriff genommen werden. Die wichtigsten Techniken: Längsdrehen im Futter, Spitzendrehen, Plandrehen und Ausdrehen werden in ihren Grundlagen gezeigt, dazu verschiedene Meßtechniken in der Einzelanfertigung.

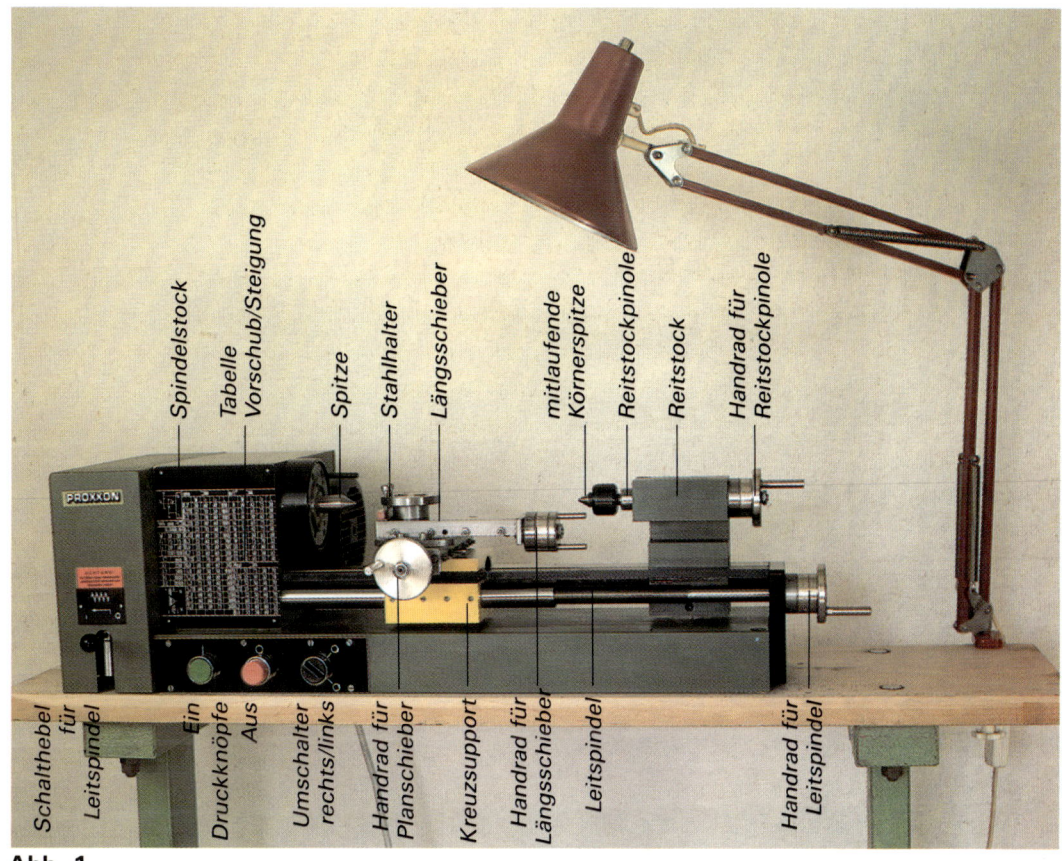

Spindelstock
Tabelle Vorschub/Steigung
Spitze
Stahlhalter
Längsschieber
mitlaufende Körnerspitze
Reitstockpinole
Reitstock
Handrad für Reitstockpinole

Schalthebel für Leitspindel
Ein Druckknöpfe Aus
Umschalter rechts/links
Handrad für Planschieber
Kreuzsupport
Handrad für Längsschieber
Leitspindel
Handrad für Leitspindel

Abb. 1

Mit der Drehmaschine wollen wir einige immer wiederkehrende Arbeitsgänge ausführen. Abbildung ❶ zeigt die Benennung der wichtigsten Maschinen- und Bedienteile.

Vor Arbeitsbeginn ist es am besten, alle für die anstehende Arbeit vorgesehenen Drehmeißel zu unterlegen. Die Schneidenhöhen der früher »Drehstähle«, auch kurz »Stähle« genannten Werkzeuge ändern sich durch Nachschärfen; vor jedem Gebrauch müssen sie mit – eventuell mehreren – Blechstreifen so unterlegt werden, daß ihre Schneide möglichst

genau auf Höhe der Maschinenachse steht.
Auf dieser Höhe steht auch die Reitstockspitze, doch ist sie nicht immer so nahe heranzufahren, daß sie den Stahl in Arbeitsstellung erreicht ❷.
Man kann dann den Drehmeißel schräg einspannen ❸, denn gespannt muß er worden – nicht etwa nur aufgelegt –, weil leicht unebene Unterlegbleche durch Spannen plattgedrückt werden. Sicherer ist es dabei, sich an der Spitze im Spindelstock zu orientieren ❹.
Kurze Werkstücke oder solche, die dünn genug sind,

um durch die Bohrung der Spindel zu passen, werden im Dreibackenfutter »fliegend« bearbeitet; das heißt, daß sie an ihrem rechten Ende nicht von der Reitstockspitze gestützt werden. An das eingespannte Rundmaterial ❺ soll ein Zapfen angedreht und mit Gewinde versehen werden.
Als erstes haben wir die Stirnseite des Werkstücks sauber plangedreht. Das geschieht mit dem Handrad des Planschiebers, nachdem wir den Längsschieber so eingestellt haben, daß der Stahl etwa 0,2 mm der Werkstücklänge zerspanen

kann. Wir können kontrollieren, ob der Stahl richtig unterlegt ist: es darf im Zentrum des Werkstückes kein Zäpfchen stehenbleiben ❺. Der eingespannte rechte Seitenstahl ist vorgesehen zum Längsdrehen von rechts nach links, konnte aber die feine Plandreharbeit auch leisten, weil wir ihn so eingespannt haben, daß seine beiden Schneiden sowohl entlang der Längsachse als auch quer dazu frei schneiden können.

Jetzt fahren wir auf Durchmesser und Länge und stellen beide Skalenringe auf 0, damit Durchmesser und Länge des Zapfens nach Skala bestimmt werden können. Dazu müssen wir zuerst den Durchmesser anfahren und, wenn der Stahl Kontakt mit dem Werkstück hat, den Skalenring auf 0 stellen ❻. Dann fahren wir den Planschieber zurück, den Längsschieber nach rechts, den Planschieber vor, den Längsschieber vor, bis der Stahl Kontakt mit der Stirnseite des eingespannten Rundmaterials hat. Jetzt wird der Skalenring des Längsschiebers auf 0 gestellt ❼.

Die beiden Schieber werden durch Spindeln im Innern bewegt. Jede Spindel hat in ihrer Mutter Luft, deshalb ist es nicht möglich, rechtsherum (vorwärts, zum Material) zu drehen und, wenn man zum Beispiel 0,1 mm zu weit gedreht (»zugestellt«) hat, einfach wieder 0,1 mm zurückzudrehen. Diese geringe Bewegung der Spindel würde den Schieber nicht mitnehmen, sie würde von dem Spiel zwischen Spindel

Abb. 2

Abb. 3

Abb. 4

und Mutter aufgenommen. Um den Schieber aus dieser Stellung 0,1 mm zurückzunehmen, ist vielmehr erforderlich, so weit zurückzudrehen, bis Widerstand zu spüren ist, beziehungsweise bis man den Stahl sich bewegen sieht. Jetzt wird wieder zugestellt, diesmal richtig, das

heißt 0,1 mm vor die um 0,1 mm falsche Stellung. Diese Vorgehensweise ist stets erforderlich; sie gehört zu den Grundbegriffen des Drehens. Wir sind auch beim »Auf-0-Stellen« der beiden Schieber so vorgegangen. Jetzt können wir den ersten Span anstellen.

Abb. 5

Abb. 8

Abb. 10

Abb. 6

Abb. 9

Abb. 7

Die Spindelsteigungen der Schieber sind von Maschinentyp zu Maschinentyp verschieden. Hier beträgt die Steigung 1 mm, der Skalenring ist in 10 x 10 Teile eingeteilt. Wenn wir jetzt 1 Umdrehung = 1 mm zustellen, schneidet der Stahl einen Span von 1 mm Breite, das

verringert den Durchmesser des Werkstücks um 2 mm. Also Vorsicht! Wenn der Planschieber zum ersten Span zugestellt ist und der Längsschieber so steht, daß der Drehstahl noch keinen Kontakt mit der Stirnfläche des Werkstücks hat, kann man einschalten und mit dem Längsschieber zu drehen beginnen ❽. Dabei muß man die zurückgelegten Millimeter (hier 1 Umdrehung von 0 zu 0) mitzählen, dann entsteht die gewünschte Zapfenlänge automatisch. Geht es um eine genaue Länge, wird man nicht bis zum Ende drehen, sondern Reserve »dranlassen«, weil man nach genauer Messung feststellt, daß die 0-Stellung

nach Gefühl nicht die wirkliche 0-Stellung auf 0,01 mm Genauigkeit war und man die Stellung des Skalenrings korrigieren muß. Das gleiche gilt für den Durchmesser. Ist der erste Span abgedreht, schalten wir den Motor aus und fahren mit dem Längsschieber ganz zurück ❾. Das darf man; der Stahl schneidet zwar einen Längsstrich ins Werkstück, aber den Planschieber zurückdrehen durften wir nicht, sonst hätten wir jetzt, wenn wir den Durchmesser zur Kontrolle messen, keine Möglichkeit zum Vergleich, ob Messung und Skalenstellung übereinstimmen oder (um wieviel) nicht. Zum Messen genügt hier der Meßschieber. 0,1 mm beziehungsweise 0,05 mm sind hier, wo ein Gewinde auf den Zapfen geschnitten werden soll, genau genug. Messen ❿ darf man nur bei stehender Maschine, sonst wird der Meßschieber beschädigt, und es besteht höchste Unfallgefahr! Das Ablesen des Meßschiebers ist leicht ⓫. Die oberen beiden Skalen (für Inches) kümmern uns nicht.

Die Schiene trägt den normalen Maßstab: Zentimeter, in Millimeter aufgeteilt. Die Skala auf dem Schieber hat 10 Hauptteile, die zusammen 39 mm lang sind. An einfacheren, schlechter abzulesenden Meßschiebern ist diese Skala, Nonius genannt, nur 9 mm lang und auch in 10 Teile geteilt.

Wie der Meßschieber jetzt steht ⓫, zeigt der 0-Strich des Nonius auf 18 und ein bißchen mehr. Wenn wir den Nonius durchschauen, so sehen wir, nur die 3 zeigt genau auf einen Strich des Maßstabs. Das bedeutet das Maß 18,3.

Wäre das Material ein wenig dicker, wäre es die 3 nicht mehr, die 4 (wollen wir annehmen) noch nicht, dann müßte der kurze Strich zwischen 3 und 4 am ehesten mit einem Strich des Maßstabs zusammenfallen. Ergebnis: 18,35 mm.

Sollten wir tatsächlich 3 gemessen haben und der Skalenring des Planschiebers steht auf 0, dann dürfen wir ihn um 1,5 Striche zurückstellen, denn 0,15 mm Halbmesser (die zeigt der Skalenring an) entsprechen 0,3 mm Durchmesser (die zeigte der Meßschieber an).

Auf dieser Grundlage können wir den Planschieber weiter zustellen und Span um Span drehen ⓬, nicht ohne zwischendurch zur Kontrolle zu messen.

Den Zapfen drehen wir etwas dünner als das Nennmaß des Gewindes es vorschreibt (siehe Kapitel »Gewindeschneiden«).

An den Anfang des Zapfens gehört eine Fase ohne be-

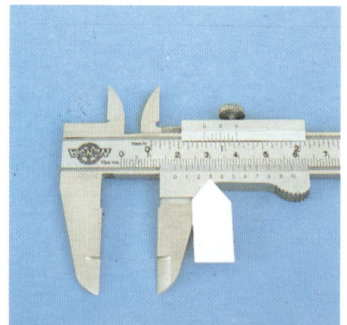

Abb. 11

Abb. 12

Abb. 13

sondere Maßvorschrift, nicht unter 45°, sondern flacher, das ergibt einen schönen Gewindeanfang. Dazu müssen wir jedoch den Stahl wechseln. Für die Fase eignet sich zum Beispiel der rechte Schruppstahl ⓭. Nun ziehen wir zur Sicherheit den Netzstecker der Maschine aus der

Steckdose. Wir fahren den Kreuzsupport nach links und den Planschieber zurück, bis die Anordnung nach ⓮ möglich ist. Das Dreibackenfutter muß sich frei drehen lassen! Das Schneideisen mit Schneideisenhalter wird angesetzt, geölt (siehe Kapitel »Gewindeschneiden«) und

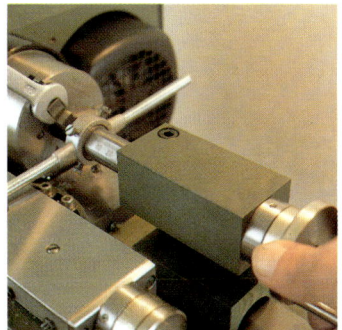

Abb. 14

Abb. 18

Abb. 17

Abb. 15

Abb. 16

mit der Reitstockpinole gestützt. Am Reitstock muß die Klemmung so angezogen werden, daß er sich auf dem Bett nicht mehr schieben läßt.
Von Hand wird jetzt das Dreibackenfutter gedreht, gleichzeitig schiebt man die Reitstockpinole durch Dre-

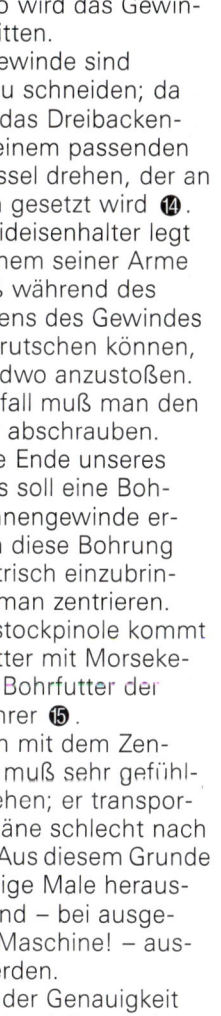

hen am Handrad nach (ohne Zwang). So wird das Gewinde geschnitten.
Größere Gewinde sind schwerer zu schneiden; da kann man das Dreibackenfutter mit einem passenden Maulschlüssel drehen, der an die Backen gesetzt wird ⓮.
Der Schneideisenhalter legt sich mit einem seiner Arme an, er muß während des Fortschreitens des Gewindes nach links rutschen können, ohne irgendwo anzustoßen. Im Bedarfsfall muß man den Stahlhalter abschrauben.
Das andere Ende unseres Werkstücks soll eine Bohrung mit Innengewinde erhalten. Um diese Bohrung genau zentrisch einzubringen, muß man zentrieren. In die Reitstockpinole kommt ein Bohrfutter mit Morsekegel, in das Bohrfutter der Zentrierbohrer ⓯ .
Das Bohren mit dem Zentrierbohrer muß sehr gefühlvoll geschehen; er transportiert die Späne schlecht nach außen ⓰. Aus diesem Grunde muß er einige Male herausgefahren und – bei ausgeschalteter Maschine! – ausgeputzt werden.
Jetzt kann der Genauigkeit wegen (andernfalls würde

das Werkstück nach seiner Montage nicht senkrecht stehen) die Stirnseite plangedreht werden ⓱ .
Das Aufbohren der Zentrierbohrung mit dem zum vorgesehenen Gewinde passenden Kernbohrer kann – grob – mit der Skala, die sich auf der Reitstockpinole befindet, überwacht werden.
Der ins Windeisen eingesetzte Gewindebohrer wird angewendet wie zuvor ⓮ das Schneideisen. Nur haben wir diesmal eine Spitze in die Pinole des Reitstocks gesteckt, die dem Gewindebohrer die Richtung gibt. Der Gewindebohrer hat hinten eine Zentrierung, die die Reitstockspitze aufnimmt ⓲ .
Größere, vor allem längere Werkstücke kann man im Dreibackenfutter nur drehen, wenn ihr freies Ende von einer Reitstockspitze aufgefangen wird ⓳. Dazu muß in das freie Ende des Werkstücks eine Zentrierbohrung. Kann diese – weil die Drehmaschine zu klein ist – nur nach Anreißen außerhalb mit der Handbohrmaschine gebohrt werden, wird sie nicht genau zentrisch sitzen. Man sieht das nach Ansetzen – ohne Druck! – der Spitze ⓴

Abb. 19

Abb. 20

Abb. 22

Abb. 21

und nach Drehen des Werkstücks um 180° ㉑.
So darf man nicht drehen!
Bei weiterem Zustellen der Spitze würde sie zwar in der Zentrierung anliegen, aber das Werkstück würde zur Seite gezwungen, praktisch verbogen, die Lager der Hauptspindel und der Reit-

stock würden dabei unzulässig stark belastet, das Dreibackenfutter beschädigt (Präzisionsverlust).
Ein solches Teil muß »zwischen den Spitzen« gedreht werden. Erst muß die andere Stirnseite des Werkstücks eine Zentrierung erhalten. Das Dreibackenfutter wird von seinem Flansch genommen oder abgeschraubt, je nach Konstruktion der Maschine. Auf das Werkstück wird ein Drehherz gespannt, in den Spindelkonus kommt eine Spitze ㉑.
Das Drehherz heißt so, weil es früher tatsächlich annähernd herzförmig war; hier ㉒ ist ein Sicherheitsdrehherz abgebildet. Der Schlitz dient zur Aufnahme des Mitnehmerstifts, der in die Mit-

nehmerscheibe geschraubt ist (㉒ unten sichtbar). Die großen Bohrungen im Drehherz sollen die Unwucht ausgleichen. Auswechselbare Ringe in der Bohrung des Drehherzens erlauben die Anpassung an verschiedene Werkstückdurchmesser.
Mit dieser Anordnung sollte man nur mit niedrigen Drehzahlen drehen, weil sonst die Unwucht die ganze Maschine in Schwingung versetzt, was unter anderem ein unsauberes Drehbild ergibt. Als Reitstockspitze ist eine – teurere – mitlaufende Spitze ㉓ unbedingt der feststehenden vorzuziehen, denn letztere erhitzt sich trotz Schmierens bald und frißt sich fest. Dann sind Spitze und Werkstück unbrauchbar.

Abb. 23

Abb. 24

Beim Einrichten der Maschine muß der Reitstock so weit rechts festgeklemmt werden, daß der Kreuzsupport weit genug nach rechts fahren kann ㉓. Die Pinole wird, wenn das Werkstück zwischen die Spitzen gespannt ist, blockiert (㉓, Pfeil oben). Der Stahl muß so weit vorra-

Abb. 25

gen, daß sich der Planschieber weit genug zustellen läßt, ohne am Reitstock anzustoßen (㉓, Pfeil unten). Jetzt kann man – mit rechtem Schruppstahl – zu drehen beginnen ㉔. Längere Werkstücke dreht man nicht mit dem Längsschieber, sondern indem man den Support auf dem Bett nach links laufen läßt. Das kann von Hand geschehen oder dadurch, daß die Leitspindel mit ihrem Antrieb gekuppelt wird.

Solch »automatisches« Drehen muß aufmerksam überwacht werden. Wird der Leitspindelantrieb nicht rechtzeitig ausgekuppelt und läuft dadurch der Schlitten auf, kann das zur Zerstörung wichtiger Präzisionsteile der Maschine führen.

An Maschinenteile, wie wir sie drehen, werden hohe Anforderungen bezüglich der Genauigkeit gestellt. Da genügt Messen im Bereich 0,1 mm oder 0,05 mm nicht mehr.

Das Mikrometer, die Schraublehre, mißt bis zu 0,01 mm genau ㉕; ein so empfindliches Instrument muß natürlich überaus pfleglich behandelt werden.

Beim Messen dreht man nicht am Handgriff zu, sondern nur an der kleineren Rätschenschraube ㉕. Zum Ablesen des Meßergebnisses dienen für ganze und halbe Millimeter die gerade Skala auf dem Gerätekörper, für die Hundertstel (0,01 mm) die Ringskala auf dem drehbaren Mantel㉖. Die Ringskala ist in nur 50, nicht in 100 Teile eingeteilt, eine ganze Umdrehung von ihr verändert

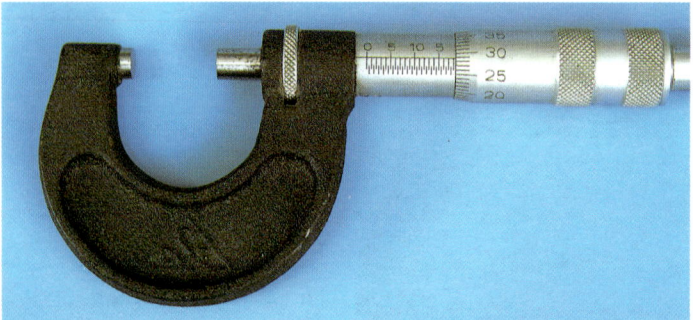

Abb. 26

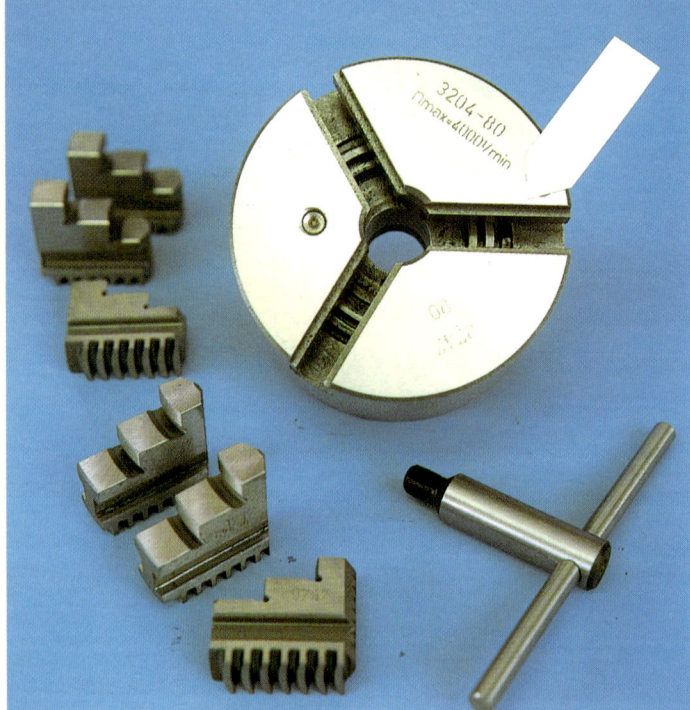

Abb. 27

steht, ob sie zu ganzen oder halben Millimetern addiert werden.

Zum Einspannen von Scheiben größeren Durchmessers in das Dreibackenfutter müssen dessen Innenbacken gegen die mitgelieferten Außenbacken ausgetauscht werden. Man braucht dazu das Futter nicht von der Maschine zu nehmen, wir haben es nur dem Fotografieren zuliebe getan.

Zuerst dreht man mit dem Schlüssel (**27** rechts unten) das Futter auf, bis sich alle drei Innenbacken nach außen ziehen und leicht herausnehmen lassen (**27** links unten).

Jetzt sehen wir in den Schlitzen des Futters die Planspirale, die mit ihren Windungen in die Zähne an der Rückseite der Backen greift. Auf allen Backen und auf dem Grund der Schlitze im Futter finden wir die Ziffern 1, 2, 3 eingeschlagen, denn alle Backen sollen ja stets die gleiche Entfernung vom Mittelpunkt haben.

An der Stelle der Schlitze Nr. 2 und 3 hat eine Spiralwindung die Stellung $1/3$ bzw. $2/3$ Spiralsteigung weiter innen als im Schlitz Nr. 1. Die

das Meßergebnis um einen halben Millimeter (0,5 mm). Abbildung **26** zeigt auf der geraden Skala mehr als 18 mm, aber noch nicht 18,5 mm. Die Ringskala zeigt 29 Teilstriche, vorläufig noch nicht 0,29 mm. Zusammen mit der »ganzen Zahl« 18 mm ergeben sich nun 18,29 mm.

Wäre das Instrument eine ganze Umdrehung mehr aufgedreht, so würden sich auf der geraden Skala über 18,5 mm, aber noch nicht 19 mm zeigen. Zusammen mit den 29 der Ringskala ergäben sich dann 18,79 mm. Man sieht, die 0,29 mm sind solange wertfrei, bis fest-

Abb. 28

Abb. 29

Abb. 30

Abb. 31

Spiralenanfang erscheint. Jetzt wieder etwas zurück, Backen 2 in Schlitz 2 schieben, weiterdrehen; mit 3 und 3 ebenso verfahren.

Mit dem so gerüsteten Futter können wir nun eine Stahlscheibe nach ㉘ einspannen. Zum Plandrehen dieser Scheibe ㉙ brauchen wir einen linken Schrupp- oder Seitenstahl. Alles geht wie beim Längsdrehen vor sich, nur daß die Begriffe »Längsschieber« und »Planschieber« gegeneinander vertauscht sind.

Das erste Zustellen am Längsschieber muß vorsichtig geschehen. Hier zum Beispiel ist die Scheibe nicht planparallel gesägt worden. Auf einer Seite nimmt der Stahl einen ordentlichen Span (㉙ oben), auf der andern Seite passiert die Scheibe den Stahl in 1 mm Abstand (㉙ unten). Es wird noch ein, zwei Späne brauchen, bis die Scheibe sauber wird ㉚. Soll die Scheibe jetzt eine zentrische Bohrung erhalten, dann muß sie erst zentriert werden, wie in ⑮ ⑯ gezeigt. Dann bohrt man die Scheibe erst mit kleinen ㉛, dann mit immer größeren Spiralbohrern durch. Dabei und beim Ausdrehen der Bohrung muß man darauf achten, das Dreibackenfutter nicht zu beschädigen, wenn seine Bohrung kleiner ist, als die gewünschte Bohrung im Werkstück.

Der Innenausdrehstahl ㉜ muß in der Größe zur Bohrung passen. Keinesfalls darf ein zu breiter und/oder zu hoher Stahl durch Höhereinspannen »passend gemacht« werden vgl. ❸, ❹).

verschiedene Stellung der Backenverzahnung gleicht das aus.

Es kann jedoch passieren, daß man einen Backen um eine ganze Steigung versetzt, das heißt falsch montiert. Um das auszuschließen, muß man so vorgehen: Mit dem Schlüssel die Planspira-

le drehen, bis im Schlitz 1 der Spiralenanfang sichtbar wird (㉗ Pfeil). Dann so weit zurückdrehen, bis der Spiralenanfang den Schlitz freigibt. Backen Nr. 1 bis zum Anschlag einschieben und weiterdrehen. Dabei in Schlitz 2 schauen und zu drehen aufhören, wenn der

Abb. 32

Eher ist es zu empfehlen, am
Stahl vorn unten eine Rundung anzuschleifen ❸❷.
Das Drehen selbst ❸❸ ist ein
Längsdrehen und unterschei-
det sich vom bisher Be-
schriebenen nur dadurch,
daß am Planschieber »links-
herum« zugestellt und auch
die Skala subtrahierend ab-
gelesen wird.
Das genaue Messen von
Bohrungen ist perfekt, aber
teuer gelöst. Innenmikrome-
ter haben nur wenige Millimeter Meßbereich; man
bräuchte eine ganze Bat-
terie dieser teuren Geräte.
In der Serienfertigung werden Kaliberzapfen verwen-
det ❸❹. Dieser Ausdruck ist
korrekt, die gebräuchliche
Bezeichnung des Meßschie-
bers (❿, ⓫) als »Kaliber«
ist falsch.
Für jeden Bohrungsdurch-
messer gibt es verschiedene
Kaliberzapfen, je nachdem,
ob die Bohrung für Festsitz,
Gleitsitz oder Schiebesitz gedreht werden soll. ❸❹ zeigt
den Zapfen der Passung H 7,
früher Gleitsitz genannt. Die
»Gut«-Seite (links) hat das
Maß 0, also 16,0 mm. Sie
muß in die Bohrung passen
❸❺ . Die »Ausschuß«-Seite
(❸❹ rechts, rot markiert) ist

Abb. 33

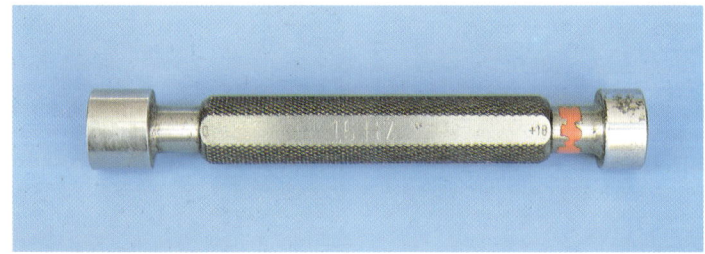

Abb. 34

Abb. 35

»+ 18« gestempelt, das
heißt, daß der Zapfen
16,18 mm mißt. Er darf nicht
in die Bohrung gehen, sondern nur »anbeißen«.
Als Behelf zum Innenmessen
kann der Meßschieber mit
seinen Innenmeßspitzen eingesetzt werden. Das erbringt
jedoch nur Zehntelgenauig-
keit. Messen der Meßschie-
berstellung mit dem Mikrometer ist in Allroundbetrie-

Abb. 36

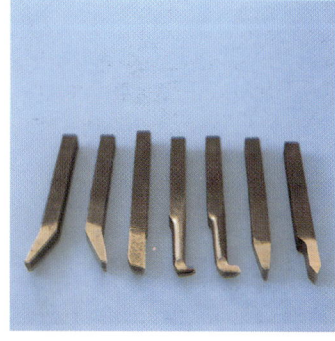

Abb. 37

Abb. 38

ben üblich, doch gehört viel Geschick und Erfahrung dazu, ein brauchbares Ergebnis zu erhalten.

Nicht das Schlechteste sind selbstgemachte Meßzapfen. Sie müssen nicht gehärtet sein, wie die hochpräzisen im Handel. An ihr Maß – heikel zu erreichen – kann man sich mit Vordrehen bis auf etwa 0,05 mm und anschließendem Schmirgeln mit ganz feiner Leinwand herantasten. Wenn man sie sehr kurz macht (30–40 mm) und auf die Ausschußseite verzichtet, sind sie handlich, weil der Kreuzsupport nicht so weit weg muß, wenn man messen will.

Die bisher gezeigten Stähle (❸ zeigt ein kleines Sortiment davon) sind fertig gekauftes, aus HSS-Drehlingen geschliffenes Zubehör. Man kann rohe Drehlinge in vielen Querschnitten und Längen kaufen und Schneiden selbst anschleifen.

Früher durchweg üblich und nötig, werden Spezialstähle im Handwerksbetrieb heute noch aus legiertem Werkzeugstahl geschmiedet, gehärtet und geschliffen ❸ . Sie sind hier erwähnt, weil man in solchen Betrieben manches gute Stück, das dort nicht mehr gebraucht wird, preiswert erwerben kann.

An der Drehmaschine können – meist durch Umlegen von Riemen – verschiedene Drehzahlen eingestellt werden. Der richtige Weg wäre, jeweils aus Tabellen die pas-

sende Schnittgeschwindigkeit zu entnehmen. Dagegen steht, daß die entsprechende Drehzahl dann womöglich an der Maschine nicht verfügbar ist. Außerdem kann es nötig sein, mit ganz verschiedenen Drehzahlen zu arbeiten, etwa schnell mit Hartmetall-Drehmeißeln an weichem Material, oder extrem langsam mit Werkzeugstählen an hartem Material.

Daß die Wahl der Drehzahl gar so wichtig nicht sein kann, zeigt das Plandrehen (❷❾, ❸⓿), wo 80 mm und 0 mm Durchmesser – notgedrungen – mit der gleichen Drehzahl bearbeitet werden.

Jedenfalls: Wenn Stahldrehspäne blau werden, sind wir zu schnell!

Register

Halbfette Seitenzahlen verweisen auf eine Erläuterung des Begriffs.

Die erfolgreiche DO IT YOURSELF-Reihe von FALKEN vermittelt Profiwissen für die Praxis.
Fragen Sie Ihren Buchhändler.

CIP-Titelaufnahme der Deutschen Bibliothek

Maier, Otto:
Metall bearbeiten / Otto Maier. [Zeichn.: Ingrid Hecht].–
Niedernhausen/Ts.: FALKEN, 1990
   (FALKEN, do it yourself)
   ISBN 3–8068–1119–9

ISBN 3 8068 1119 9

Titelbild: Wolfgang Zöltsch, Pool Fotostudio, Griesheim
Fotos: Otto Maier, Amstetten
Zeichnungen: Ingrid Hecht, Hannover (S. 26, 66); Otto Maier, Amstetten (S. 59)
Satz: Dinges & Frick GmbH, Wiesbaden
Druck: Zumbrink Druck GmbH, Bad Salzuflen

817 2635 4453 6271